你的努力终将战胜这残酷世界

随风 著

煤炭工业出版社
· 北 京 ·

图书在版编目（CIP）数据

你的努力终将战胜这残酷世界 / 随风著. -- 北京：煤炭工业出版社，2016（2020.6 重印）

ISBN 978-7-5020-5217-1

Ⅰ.①你… Ⅱ.①随… Ⅲ.①成功心理—通俗读物 Ⅳ.①B848.4-49

中国版本图书馆 CIP 数据核字（2016）第 043898 号

你的努力终将战胜这残酷世界

著　　者　随　风
责任编辑　马明仁
特约编辑　郭浩亮　袁旭姣
特约监制　朱文平
封面设计　刘红刚

出版发行　煤炭工业出版社（北京市朝阳区芍药居 35 号　100029）
电　　话　010-84657898（总编室）
010-64018321（发行部）　010-84657880（读者服务部）
电子信箱　cciph612@126.com
网　　址　www.cciph.com.cn
印　　刷　保定市海天印务有限公司
经　　销　全国新华书店

开　　本　880mm×1230mm 1/32　**印张**　8　**字数**　200 千字
版　　次　2016 年 5 月第 1 版　2020 年 6 月第 3 次印刷
社内编号　8068　**定价**　38.00 元

推荐序

当你温柔，却有力量

浅浅de开

今年七月，我与随风相识，我们一见如故，相见恨晚。

我也曾想过，为何就与随风投机？慢慢地，我发现，大抵是因为她的性格。

她是一个远成熟于此年龄的女孩，她是一个既有天赋又勤奋的作者，在我们熟识的圈子，大家对她的中稿率的评价是：“常常过稿不可怕，可怕的是随风既有手速还有梗！”

这句略带调侃的话里充满了我们的羡慕，因为她的路太顺了，顺到让我们艳羡不及，好像连幸运女神都在特别关照着她，导致大家时常怀疑，我们转发的一些锦鲤图片是不是都把好运带给了她。

然而与她深交之后，看到了她背后的坚持，原来给人带来好运的从来不是你转发了几条锦鲤，也不是你在脖子上缠了几条开过光的项链，只不过是坚持得更久一些，终于等来了好运。

码字多仅仅代表手速快吗？不一定，她只是把大部分业余时间用来码字而已。比如某天上午她跟我说，要在这两天把新书的事情搞定。我不以为然，觉得这种繁琐的事情一定要循序渐进地来，但这天刚午睡起来就看到了她的留言："我刚写完了自序，你帮着看看。"

看吧，在你睡觉的时候，别人有多拼。

没有谁的人生一路顺遂，在写文这条路上，见过很多放弃的人，但是哪怕她说被退稿退得难过死了，也没有听到她说过一次放弃。

看吧，在你一蹶不振的时候，别人始终在热情洋溢地生活。

这个世界上有很多值得羡慕的人，让人忍不住自怨自艾，暗叹上天不公。但是在大家艳羡别人的生活时，却不要忘了他们一直都在拼，所以，"羡慕别人，远不如自我提高更可靠"。

看吧，你在羡慕别人顺风顺水的时候，有没有想过，他们已经跌倒多次，只不过每一次都重新站了起来。

“不经历风雨，怎能见彩虹，没有人能随随便便成功。”在我心里，随风便是不畏风雨、勇往直前敢于追梦的英雄。

都说文如其人，翻开这本书，在世间形形色色的人中，你会读懂她的坚持和无所畏惧；翻开这本书，你也会读懂她的心怀远方和脚踏实地。这本书如同随风一样，给人满满的正能量，让你温暖又心怀感激。一个一个的小故事，都是她对生活的感悟和铭记，也是对你我的慰藉和指引。

我相信，你会跟我一样喜欢上这本书，喜欢上字里行间细腻的情感和积极的态度；我也相信，你会因为书中的故事，喜欢上用笔书写世界的随风。

她善良而坚强，执着而勇敢，她用文字教会你我，在这个纷繁复杂、俗事缠身的社会，我们需要一份执着去追梦，我们需要一份淡然去处事，我们需要一份善良去交友，我们需要一份感激去生活。

写这篇序的时候，寒冬将至，但是相信你的那份执着，有着抵御一切风寒的力量。当你低到尘埃，也要心怀云彩。最重要的是，别害怕失败，梦想迟早会自己走来。

——青春治愈系作者，浅浅de开·《谁在夏天等你》

自　序

曾经我和你一样

随风

有很多人羡慕地跟我说："你做的很多事情，都成功地走到了别人前面。"好像是这么一回事，上学的时候，成绩总是名列前茅；工作的时候，总喜欢拔尖要强；写文的时候，也比很多人顺利得多。

但我也只是一个普通人而已，和所有人一样，会失望，会难过，会一蹶不振，想着从此再也不碰那些让我感到沮丧的事情了。只是最后还是选择了坚持。就像今年十月份到瑞丽旅行，我跟朋友从银井国门骑行到喊沙寨，刚出发的时候天还没有亮，只有扑面而来的晨风，当阳光刺穿天际的时候，莫名让人想到了"希望"这个词。十公里路，一身热汗，没有遗憾。

这也是我写这本书的契机了。有时候，我们能够看到别人的灿烂，能够看到别人的辛酸，却看不到支持他们走下去的光。但这世上最重要的从来不是快乐与苦难，而是刺破黑暗的光芒。

我没有超人附体，在某些时候，其实我比谁都要胆小。六年前，只是一个小小的皮肤肿瘤，我就在医院门口哭得像得了绝症一样，看到过很多在绝境中依旧保持微笑的人，再对比自己，显得无比软弱。在手术台上我还是忧心忡忡，在手术刀切割我的皮肤时害怕麻药突然失效，害怕手术出现意外，害怕……

恐惧是人的天性，在这一点上，不见得谁会比谁更勇敢。也许你不会经历这种切身之痛，但是生命本身就像一场手术，命运的无影灯下，有谁都逃不过的劫难。不同的是，有的人从此一蹶不振，有的人百折不挠，也有人干脆躺在坑里思考人生。

美国作家海明威说："真正的勇士从来不是无所畏惧，而是敢于直面恐惧。"我们都曾恐惧，都曾以为这就是命运加在我们身上的苦痛，但最重要的是，我们都从差点将我们打败的厄运中站了起来，就像在伤口处长出了翅膀。

至少命运不会给任何人走后门，欲知后事如何，也只能靠自己放手一搏。也正因为如此，才不愿意轻易地说放弃。我想你也应该是这样，依旧相信能够从绝境中冲出一条路来。

还是会害怕的吧，害怕前路茫茫，却没有自己的归宿，但是比起害怕来，更值得担心的是，从此困在一隅，连害怕都不再光临。还是会庆幸的吧，无论如何，至少有一腔热血不曾辜负。

曾经我和你一样，在光照不到的地方踽踽独行，迷茫而彷徨，但是就像泰戈尔说的那样：世界以痛吻我，我也要报之以歌。但是我知道，其实你的心里有光，而我点亮的，也不过是一莹烛光，我只是希望用它照亮你心中的太阳。

CONTENTS

❄目　录

PART1 薄情世界，我们都在坚强地活着

PART2 谁不曾被生活辜负？你的脆弱救不了自己

PART3 你要相信，总有一个未来属于你

PART4 你终将过上梦想中的生活

PART5 世界有多残酷，你就要有多努力

PART6 全力以赴，别让你的人生留下遗憾

PART7 今天你经历的苦涩，都会在未来带给你甜蜜的回报

PART 1

薄情世界，
我们都在坚强地活着

当才华撑不起你的野心时，静下心学习；当能力驾驭不了目标时，沉下心历练吧。

如果，你不喜欢现在的自己

她是一个普通姑娘，偶尔会因为读了一本好书，看了一部好电影热泪盈眶，手指噼里啪啦按了一阵之后，在朋友圈就出现了一条极其文艺的段子：当年我们都有浩浩荡荡走天涯的梦，最后却将自己束缚在了最小的空间里。

是的，她已经无数次打算过休学、辞职去旅行。她打算着，打算着，错过了空闲的大学生涯，如今有了一份稳定的工作，这个念头却从来没有停止过。在闲暇时间里，她经常在驴友圈里看各种各样的动态，某某在海南晒黑了一圈，某某再次出发骑行在川藏线上……外面的风景最美，别人家的照片最好看，说的就是这个道理。

她跟风买了不少背包客需要的东西，整套挑战者牌子的自行车加头盔，帐篷、泳衣之类的更是一应俱全，本来工资就不算高的她基本上将所有的积蓄都花在了这上面。

但是女孩一次都没有真正出去旅行过，有许多原因阻拦着她的步伐，每一个说出来都会让人觉得有理有据、合情合理。比如中学时忙于学业，大学时忙于参加各种社团活动，工作后一下班就恨不得倒在柔软的床上，哪来的时间与精力去旅行呢？

于是多多少少会产生一些厌弃的心理。

厌恶城市暗无天日、尘埃飞扬，抱怨不知何时或许会染上的传染病，明明文科毕业，却能够将污染源的化学成分侃侃道来，为的就是增强说服力；厌恶公司里狭小逼仄的气氛，抱怨老总太抠门不给员工发福利。看谁都觉得有绿茶的潜质，转眼却也成为了茶水间里聊八卦的一员；厌恶相亲男斤斤计较的嘴脸，最终还不是眼高手低……总之，她的日子过得很拧巴。

当有一天，她照着镜子，不是为了补妆，不是为了顾影自怜，只是想要审视一下自己的时候，蓦然发现，镜子中的自己陌生而面目可憎，也不知从什么时候开始，她竟然变成了自己最讨厌的人的模样：庸俗势力，安于一隅，屡屡抱怨却无动于衷，就像每个冷漠的看客一样，正能量用完了就不自觉地成为了负能量的传播者。

她开始讨厌现在的自己。

她与我聊天的时候，正巧是负能量爆棚的时候，女孩处于深深的自怨自艾中无法自拔，也百思不得其解，“我觉得自己是一个挺积极向上的人，但是不知道为什么，最近越来越觉得自己白活了这么多年，依旧一事无成，我想要做的事情，一件都没能完成”。

当然，如果想要有一个可以共鸣的话题，我也会有许多推脱的理由，比如告诉她“城市的环境就是这样，很容易影响一个人”如此之类，相信在某种程度上也能引起不少共鸣，但是我终究没有这么说，而是告诉她：抱怨再多，都不如直接去做。

这个世界上，真正天生愚钝的人也不过万分之一，而剩下的人，之所以发现自己越来越容易被环境同化，越来越薄凉，也不过是因为自己选择了浑浑噩噩。正如“谁都叫不醒一个装睡的人”，倘若你主动选择了随波逐流，谁又能够将你从浊世的洪流中拉回呢？

很多时候的不喜欢，多半是源自自己的放纵与懒惰。

就像这个姑娘，在她的青葱岁月里，不可能没有机会出去走一走，但是一旦她为自己的懒惰找到了一个合适的借口，那么再空闲的时光也会悄悄溜走。谁都可以装作很忙的样子，而其中生活出来的密度，也只有自己清算的时候，才会后知后觉：原来我什么都没有做，就这样白了少年头，空悲切。

而自我厌弃，归根到底，也是一种恶性循环，每天醒来都在背负着负能量前行，太累了，太重了，难以走远。

与其背着重重的负能量往前走，不如干脆放下眼前的包袱，不再多想，也不再多说，大大方方地去做自己想做却又没有做的事情。其实去做了之后才会发现，很多所谓的阻碍，一直生活在我们的想象里，而恐惧，则成为了最真实的敌人。在这样的循环里，我们又怎么能够踏出第一步呢？

好多事情，真的不如我们想象的可怕。

那一天，女孩沉默了很久，之后我们很长时间没有联系。我以为是她不高兴了，以为我的话太过直接伤到她了，直到半个月后收到了她从香格里拉寄来的明信片，明信片的背面印着她戴着墨镜站在雪山脚下的照片，笑容比那里炙热的阳光还要灿烂。我知道，那一刻，她很快乐。

她在香格里拉的青旅里跟我聊到深夜。女孩说，之前做了许多准备，其实并没有多大用。再专业的装备，也比不上一颗敢于说走就走的心。有了太多的顾忌，反而蹉跎了每件事，最后导致什么事情都做得不够漂亮。

如今，女孩的身边已经有了一位靠谱的男友，他们都喜欢旅行，就是那次在香格里拉的青旅中相遇的，两人志趣相投，一起结伴旅行了一段时间之后，故事自然而然地发生了。

一次说走就走的旅行，换来了一次心灵的释放，还让自己结识了一段缘分。无论结果如何，这些都是她一直所期望的事，如今一切都来得那么容易，并没有想象中那么难。

每个人都希望成为更好的自己，无论是谁，心底总会有对自己不满意的一面。但是在怨天尤人之前，不妨转念想想，自己缺的到底是什么，仔细想来，你缺的未必是时机，未必是钱财，而是缺少给自己一个机会的勇气，缺少踏出第一步的行动。

如果，你不喜欢现在的自己，千万别着急。只要你愿意，凡事都会有转机。

神说，你身上有光

认识一个16岁的男孩，他在技校读电工，平日里会帮家里照顾杂货店。男孩的脸上总是洋溢着笑容，一副青春阳光的样子。男孩很腼腆，虽带着一丝少年特有的青涩，却让人感觉很舒服。

少年家杂货店的东西虽然齐全，生意却不怎么样，空间太过于逼仄，大型超市遍布在四周，小店的生意可想而知。男孩的父亲脾气不怎么好，爱喝酒，喝醉了就在店里大声嚷嚷，母亲个性软糯，每次都在一边悄悄地抹眼泪。这样的情况，更是让人不敢踏足那一方杂货店。

也许是少年不自愁滋味，也许是生来乐观开朗，所有烦恼都会被男孩很快忘记，当有顾客进来时，他总能满脸笑容地热情招待。这也是邻居们喜欢来这里买东西的原因，这样乐观懂事的男孩，能够带给每个人快乐。

我也是被男孩的乐观所吸引，经常光顾她家的小店，也会跟他聊天，问他对现状有什么想法，会不会心怀怨恨。因为住在附近，我很了解他家的情况，也会为他担心，更好奇在一个晦涩的环境下成长，要有多强大的内心才能保持每天的阳光心态？

男孩笑笑说道，与其怨恨，不如理解吧。本来就不尽如人意的环境，如果继续让内心的晦暗滋生，岂不是更加痛苦？其实，现在的生活也挺好的，杂货店虽然生意不怎么好，但每天可以见到很多人，能跟大家聊聊天也很高兴，长了不少见识，赚多少钱反倒是其次了。

男孩的话语朴实无华，却显得格外真诚。我突然想起《圣经》里的一句话“神说要有光，于是有了光”，但是他又把许多光芒都放在了你身上，所以让你来照亮世人。

“也许每个人身上都有光，只是没有点亮吧。”男孩轻声答道。

他说得很随意，我听得很动情，他的一字一句都显得那么有力量，那么乐观，仿佛眼前的一切在他看来并没有什么，他总是看到积极的一面。

仔细想想，男孩的话很有道理。有时候并不是命运的不公平，只不过是内心的不甘与嫉妒。富有的家庭也会产生矛盾与争执，也会有痛苦与烦恼，他们拥有的多，想要的也就更多。所以，生而贫穷不可悲，可悲的是内心认定自己的贫穷并以此为耻。

抱怨不会解决任何问题，只能加深人们眉间的皱纹，还会将朋友远远地推开。毕竟，人性趋善避恶，谁都更愿意与一个善良乐观知足的人做朋友。

于是我们看到另外一种人。他们未必能够每天都吃到山珍海味，却能够真挚地感谢每一餐饭食；他们未必能够穿上锦缎绫罗，却会祝福流水线上每一位辛苦劳作的工人。于是，哪怕他们吃不到山珍海味，糟糠也胜似天下美味；他们穿不上锦缎绫罗，麻布也是最美丽的衣衫。

男孩就是这样的人，一个知足、乐观、进取的孩子。这样的生活，怎么会不幸福呢?

这个世界上有太多喜欢抱怨的人，以至于我们常常被满满的负能量缠绕，无法脱身，甚至不知不觉之间便成为了消极情绪的始作俑者。于是遇到事情，我们的第一反应并不是如何解决问题，而是推卸责任，将所有责任归结于别人，归罪于这个世界。

世界没有错，即便它错了，你又能怎样?你改变不了世界，你也改变不了别人，唯一的可能，就是做好自己。

如果你将失败归咎于社会，归罪于他人，那么到头来一定会输得一败涂地。

我们，何必活得如此悲哀?

其实生活已经足够好了，只是大多数时候，人们一叶障目，不见泰山。因为贪婪的本性，我们一味索取，任凭欲望无限膨胀，而忽视了身边美好的生活。

你要知道，你现在所拥有的一切，也许是他人无可企及的生活。

你可以一无所有，但不能没有光芒！

难道不是美好促进你的向善与向上吗？难道不是怀着对美好生活的祈愿努力奋斗吗？如果不是的话，无论站得多高，也只能看到更糟糕的风景；如果是的话，再狭小的空间也有你的容身之处。

生活从来都不容易，总会有许许多多的焦虑，上下班高峰期挤爆的地铁车厢，格子间里朝九晚五拼命工作的职员，生病了也不敢请假担心下一秒就会被人取代，甚至吃饭时也要审阅文件，接打电话……

大家这么拼是为了什么？不就是为了更好的生活嘛。如果你这也要抱怨，看看身边的人吧，大家都一样，你远不是最惨的那一个。

你若将忙碌的生活看做是一场灾难，你的生活将处于消极状态；反之，你若将此看做是人生的意义、奋斗的动力，你的生活就会无比充实。我相信，日子再忙，你也能找到属于自己的安静时光，只要你静下心来。

学会享受你的生活吧，哪怕它看起来没有那么华丽，哪怕它只是一顿小小的简餐，正如男孩所说，你的身上也有光，只是尚未点亮。当你点亮它，你会喜欢的，因为所有的美好都离你很近，触手可及。

神说，你身上有光。当你在世间行走，无论是苦难还是快乐，无论是成功还是失败，永远不要忘记深藏在你心中的光芒，点亮它，照亮世间的每一处黑暗。

请心怀善意地生活，无论是对自己，还是对别人，因为照在别人身上的光芒，终究会返回到自己身上。

拼到遍体鳞伤，终将刀枪不入

看过这样一篇科普文章，说树上的伤疤，往往是一棵树最坚硬的部分。这真是一个奇妙的现象，因为众所周知的是，人的伤口是最脆弱的地方，不敢轻易触碰。看来，与树的坦荡相比，人似乎少了一些自愈的能力。

阿奇是一个高中辍学的送水工，年轻，能力平平，他能做的，就是靠出卖青年尚好的体力。好在阿奇为人踏实肯干，在他送水的小区里人缘、口碑都不错，老板对他很放心，工资也涨了两次。

阿奇跟住在小区的姑娘晨晨相爱了，当时，没有人看好他们，自然也少了祝福。相爱的理由也很简单，晨晨一个人住在这儿，女孩子总是会有许多不方便的时候，阿奇又是个热心肠，经常来帮忙，每一次都是帮她把水换好再走，平时也会特意过来帮忙。对晨晨来说，阿奇是她见过最仗义的男人；对于阿奇来说，见惯了各种冷眼歧视之后，晨晨就像他生命中的阳光。两个人虽然没有一见钟情的热恋，却也有着相濡以沫的深情。

但阿奇是一个送水工，也只是一个送水工，他的父母只是普通的工薪阶层，不像某些小说、电视剧中的男主一样，有着一个不为人知的富豪身份。而晨晨呢？她的家境不错，父母都是大学老师，她自己呢，在一家福利待遇都不错的国企工作，住在这个小区只是为了离单位近一些。

每个旁观者都知道，两个人的身份阶层有着云泥之别，在讲究门当户对的社会观念里，想要修成正果真的太难了。因为爱情可以是有情饮水饱，但是婚姻，终究是要讲究柴米油盐酱醋茶的，当两个人从甜蜜中回过神来，才发现眼前的情景是多么糟糕。好好的爱情，也会因为日常的磋磨消失殆尽。

连阿奇自己也清楚，他与晨晨之间的感情如同镜中花水中月，实在难以长久。果然，在晨晨带他回家的时候，就遭到了来自她父母的冷遇。其实，晨晨的父母也不是那种棒打鸳鸯式的封建父母，只是双方过于悬殊的境况，确实难以让晨晨的父母放心。

因为是大学老师，晨晨的父母很有素养，并没有当场给阿奇难堪，但在苦口婆心规劝女儿无果之后，竟然投诉到了阿奇所在的送水公司，让老板直接换人。

老板的无奈，阿奇的委屈，晨晨的放弃，周围邻居的冷嘲热讽……阿奇终于爆发了，他要证明自己，不再甘当送水工，而是选择自己创业。

他知道无论如何努力，这段感情也注定不可挽回了，但他就是咽不下这口气，这一次他拼了，将多年积攒下来的老本都拿了出来，即便拼到遍体鳞伤，他也不后悔。

阿奇没学历，没技术，他能做什么呢？想来想去，他只知道送水的流程，而且这行的利润还可以，再加上自己的口碑不错，不如还干老本行。和所有老套的故事一样，阿奇受到了来自各方面的压力，没有人看好他，父母让他消停消停，拿着钱回家娶个媳妇；朋友劝他找份工作，继续打工。

没想到，阿奇这次真的受伤了，来自世俗的偏见彻底伤了他的心。他的伤口没有愈合，而是越来越痛，他委屈，他较真，他没有将伤口藏起来，而是“以毒攻毒”，往伤口上撒盐，他说这是为了消毒，为了变得更坚强。

人一旦有了拼劲，什么难题都会迎刃而解，阿奇虽然没有做生意的脑子，但因为他的憨厚赢得了人心。小伙子拼命干，邻居们都看在眼里，为了照顾他的生意，之前小区的客户纷纷找他送水，没多久，之前老板的生意不行了，被阿奇挤出了小区。

随着口碑越来越好，阿奇水站的名气也越来越响，周围小区的客户也来找他，他开始雇了几个人，小买卖越做越红火。

拼到遍体鳞伤，终将刀枪不入。阿奇成功了，不是剧本中那种屌丝逆袭的故事，他真真切切地做到了最好的自己，此时的他已经成熟起来，心里的委屈与怨气早已一笑而过。他没有再联系晨晨，更没有向她父母报复性炫耀，在他看来，这似乎太幼稚了。阿奇只是找到了之前的老板，说一声抱歉，很抱歉因为年轻气盛抢了他的生意。

阿奇成熟了，他也找到了自己的幸福，他始终没有在大城市找一个漂亮姑娘，尽管此时已经有了门当户对的资本。他遇到了一位家乡的女孩，和他一样在城市努力打拼的姑娘，他们相爱并最终走到了一起。

阿奇的确是伤心过的，那时候他的身份卑微，却有着最骄傲的自尊。他曾以为伤口永远不会痊愈，所以他一直提醒自己：一定要成功，绝不能再被人瞧不起。只是连他自己都没想到，伤口会痊愈得这么快。当你站到一个新的高度，曾经的高山也不过是一个小山丘；当你强大到一定程度，别人就再也无法给你带来伤害。

伤口会痛是因为它还没有结痂，在你最失意的时候隐隐作痛，不断地提醒你，原来这就是你生命中最狼狈的时刻。很多人都习惯将伤口深深隐藏，让它们成为这辈子永远不愿意提及的逆鳞，一旦提及，哪怕对方是自己的挚友，也依旧觉得自己被触犯了颜面，轻则痛斥，重则绝交，将身上的风度解脱得一干二净，实则是落了下风。

许多时候，你努力想要雪藏的伤口会成为你的软肋，因为它们永远都不会愈合。与其软弱地逃避，不如坚强地面对，因为你知道，即使再狰狞的伤口，也终究会结痂的。而这块结痂的部分，将会成为你生命中最坚硬的部分，你最深的痛，反而是日后提及时笑得最开心的那部分。

痛，是因为伤口没有痊愈，别怕，那是人生中必然会经历的一部分，你需要做的，就是直面它，战胜它，即使站在你面前的是一个看似难以跨越的庞然大物，也不要瞻前顾后。与其退无可退，不如拼一把，或许，转机就会出现。纵使你没有成功，那已经结痂的伤痕也会告诉你，从此你将不再害怕。

愿你的痛，在日后提起时再没有隐伤。愿你足够勇敢，披荆斩棘地往前跑，跑到头破血流，跑到满脚燎泡。也许你会拼到遍体鳞伤，但我相信，你终将刀枪不入。你的伤疤，永远是生命中最坚硬的一部分。

哪怕拼到遍体鳞伤，也要活得漂亮！

哪怕深陷泥沼，也要仰望星空

几年前，我曾经告诉一个朋友：你的眼里有光。

他笑我，什么时候变得这样神棍，穿上一身唐装，戴个墨镜，往大街上一站，扯一道“算命”的横幅，说不定就成为一个神算子了。哦，凭你的嘴皮子，月入过万绝对不是什么难事儿。

他嬉皮笑脸，根本看不出半点落魄的人应有的样子。

忘记介绍他当时的情况。他在某211大学读了一个学期之后，终于厌倦了千篇一律的时光，加上大半的课程亮了红灯，终于决定退学。因为这事，他老爸一怒之下将他从家里赶了出来，让他自谋出路。

于是他千里迢迢来投奔我，我问他有什么打算，他摊摊手，他一向没有做规划的习惯。

那时候我已经做好准备将并不宽厚的肩膀借他一用，以为他要为这般命运无常痛哭一场。但是他没有，吃嘛嘛香，路边7块钱一份的炒饭被他吃出了大餐的丰盛；睡嘛嘛好，二手沙发硬是被他睡出了席梦思的格调。

他就是这样一个有些无赖的流浪汉。

高二升高三的紧要关头，不抽烟不喝酒不打架无网瘾，这样一个三好少年却因为跟老师吵架得了一个处分，于是他撂挑子不干了，拎起书包开始了游学之旅。

其实那时候他成绩不错，冲一把上不了清华北大也能上个浙大，于是教务处主任打电话到他家，苦口婆心地劝，结果被情商略低的他挂了电话。

他去了很多大学，占自习室的位置，听辩论赛，抢讲座的门票。有时候露面的次数太多了，以至于被误认为是校友。一个学期之后，他终于悔悟，决定考个好大学。

只是当他真正成为一个大学生之后，却发现曾经心心念念的学府于他而言已经失去了吸引力，就像美人迟暮，仅剩的一点荣光都渐渐消散。

退学之后，他开始玩摄影，没钱买最好的单反设备，成天拎着一个破相机在城里转悠，拍车流，拍人往，无聊的时候就拍天上的云。

文青到无药可救，也是挺可怕的一件事。

他的作品开始刊登在一些报刊杂志上，久而久之，有杂志社伸出了橄榄枝，聘请他当特约摄影师。

他没有同意，随后在摄影圈里销声匿迹。我知道，他又要开始一段游手好闲的时光了。

的确是这样，哪怕他已经在摄影方面逐渐崭露头角，只要他说一声放弃，就能毫无压力地舍弃。他报了一个新东方的英语班，只上了几节课，就厌倦了那改头不换面的教学模式。他每天还是会出门，却不是去上课，而是买了一些零食酒水，跑到老外聚居的地方叫卖。聊得高兴的就当交个朋友，连钱都不收了，于是久而久之，老外圈子里也都知道了这样一个冤大头。

他的口语却越发的好，丝毫不弱于那些新东方的佼佼者。如果真的有什么区别的话，大概就是那些佼佼者们都有N本证书伴身，他却一无所有。现在，那些考证狂人还在炫耀自己的证书，他呢，已经是某上市企业的广告创意总监。

有一天上司看到他的摄影作品，随口感慨了一句："跟曾经那个XX的作品好像啊，但是现在几乎都见不到他了，可能长江后浪推前浪，被拍死在沙滩上了吧。"

他笑而不语，那个被认为销声匿迹的摄影师，其实就是他，他只是换了一种生活方式，一种更加现实的方式，只为让生活过得更好。

他的作品同样被公司选用了，用他的本名，引来不少真心假意的褒奖。

"总监真是万能的啊。"

“总监的作品真的很有专业摄影师的水准啊，幸好不混这个圈，不然我们都没饭吃了。”

他会不会让专业摄影师没饭吃我不知道，我只知道有那么一段时间，他差点就吃不起饭了。但是最终他还是挺了过来。

但无论是现在，还是曾经落魄街头，我见他时，他的眼里始终有光。

我不是在写厚黑学，所以无法说出“只要不要脸，铁棒磨成针”这样的话，因为有目共睹的是很多二流子也都仗着脸皮厚混饭吃；我也不是给你们浇灌心灵鸡汤，所以更不会说，心有多大，舞台就有多大，只要你敢想，总有一个专门为你量身定做的成功秘方——要是有，我现在正在卖秘方，而不是一个个地敲字——这个呈金字塔状的世界，总有些人混得不尽如人意。

我只是想说，你的眼里要有光，哪怕深陷泥淖，也要抬头仰望星空；哪怕四周都是迷雾环绕，也能够看见指引你的那熹微的光。只要有光，你得意也好，失意也罢，总不会就这样停下，而是努力地往前走。没有方向没关系，尽管有人说走错路就回不来了，还是要相信，哪怕是背道而驰，也有绕地球一圈回来的机会。一生这么长，多试试又何妨。

亲爱的朋友，无论什么时候，请在心中点一盏灯，于是在前途渺茫时，干脆用自己眼中的光去照亮好了。

孤单时，仍要守护心中的思念，有阴影的地方，必定有光。——几米·《星空》

伤口会长出翅膀，你也会变成天使

14年的时候，叙利亚诗人阿多尼斯来杭州讲座。正好有朋友邀请我过去，有幸与这位天才诗人短暂交流。我印象最深的是他的两句诗：花儿是眼里的一个季节，芬芳是心中的一个季节。世界让我遍体鳞伤，但伤口长出的却是翅膀。念出来的时候总有一种让人膜拜的力量。

没错，联想到阿多尼斯的生活背景，连天战火下写出来的诗篇，那是一种让人想要落泪的震撼。一般人会将落泪与感动联系在一起，但事实上，我是怀着膜拜的心去阅读的。因为伤口长出翅膀，这实在是一种太过强大的力量。

越来越多的人丢失这样的力量了。人们在高压下生活了太长时间，发现所有的抱怨都有了一个合理的出口：并不是我错了，而是这个世界错了。于是越来越多的人成为了祥林嫂而不自知。

而当我们反思的时候，就会发现，是人组成了社会，如果人还好好的，为什么会有一个扭曲的世界呢？

W小姐带着一张病例来找我，病例是某市第一人民医院开出的轻度抑郁症诊断书。她很消极地告诉我，本来在某大学念书的她现在休学了，她甚至不敢告诉她的同学，生怕别人将她当成一个精神病患者。

我看了她的病历本，觉得很难过，不是因为她的病情，而是因为她的心态。病历本上有对她情况的描述：上课无法集中注意力，不想跟其他人交流，有时候觉得特别难过。因为我觉得这些心理都是非常正常的——也不知道我这么说会不会遭到医生的围殴。

在我解释为什么我觉得这是正常的之前，请让我先说说另外一个姑娘，暂且叫她M小姐吧。

M小姐是一个很容易冲动的姑娘，有什么事情就恨不得立马嚷嚷出来，受不得半点委屈，在毕业设计问题上跟老师起了冲突，她表示不能容忍，干脆放下所有的包袱去了很多城市旅行。让医生来诊断，他肯定会在病历本上毫不犹豫地写下：情绪容易激动、爱幻想、暴躁易怒、与周围的人相处不和谐。而诊断结果呢，偏执型精神病、人格障碍……

所幸她并不信这个邪，她相信她这样的性格其实是一种优势。她是这样理解的：她热情，有想象力，直率大方，简直就是中国好姑娘的最佳人选。

现在M小姐已经安全毕业了，那时候的毕业导师反思之后选择跟她道歉。她有一份不错的工作，一个体贴的男友。就算有时候跟人吵架了，也不会分分钟被拉进精神病院做一个全方面的检查。也许吵了这样一架，她还是继续跟人和和美美地过日子。

其实一定要用一种严格的标准来衡量的话，又有几个人会是完美的呢？有时候，我们只是将一些情绪不小心当成了一种心理疾病。

也许W小姐只是内向型的人格，但是当她发现自己与其他人格格不入之后，就开始变得惶恐不安，恨不得马上缩回自己安全的小窝永远不要出来。

然后我告诉W小姐，有时候不要太怕痛，因为有的伤口虽然深，也只是看着可怕而已。她所表现出来的症状，只是普通大学生的通病而已，只是她在一时之间被这样的状况吓倒了，就有了一些看起来很可怕其实一点也不打紧的病症。

如此害怕受伤，怎么能够尝试到伤痛的味道呢？尝试了伤痛的味道，你又如何能够痊愈呢？

也许我们的心都有一个反弹的力量，在伤害之后学会成长，所以阿多尼斯才会说，世界让你遍体鳞伤，但伤口长出的却是翅膀。所以，不要畏缩，也不要惊惧，只需要张开你的怀抱，去包容命运的安排。

后来，W小姐也跟我聊过天，她正要离开昆明，那天下雨，于是她开玩笑一般地说："都不知道老天这是在挽留我还是在朝我吐口水让我赶紧滚了。"

恭喜你，姑娘，你终于学会在生活跟你开玩笑的时候，打一个完美的反击战。有时候就是这样，好多事情，笑一笑就过去了，有些痛苦，忍一忍也就没了。因为你知道，世界让你遍体鳞伤，伤口也能长出美好的翅膀。

其实你可以飞，只是你尚未知道。希望你能勇敢，希望你能坚强。

越是平淡的日子，越要沉下心修炼

今年年初的时候，表姐薇薇从北京回了老家，一下子从夜夜笙歌的帝都过渡到资源有限的三线城市，不管是谁，多少都会有些不甘心。表姐之前考上的是北京的一所重点大学，之后便选择在那里扎根了，有一份足以让她在物价颇高的北京生活得体面的工作，许多人都以为她会一直留在那里了，却没想到她会突然回来。

去她家的时候，表姐正在厨房做饭，厨房里蒸汽袅袅，她围着红白格子的围裙，扎着简单的马尾，竟然一点没有曾经叱咤职场的女强人模样。她端着一盘酸辣鱼出来，看到我，柔柔地弯了弯眼睛，赶紧招呼我过去坐下。

薇薇跟我的关系不错，以前去北京也会顺便去看望一下她，但是那个时候她是真的忙，下了班赶紧打的到机场来接我，去她的住处时顺便就在路上订了外卖，她很抱歉地告诉我："还有一个策划案没有写完，就不带你去吃大餐了，等周末我带你出去玩。”

但是周末到了，顶头上司的一个催命电话就将她喊了过去，无奈之下，薇薇也只能塞给我一堆攻略，表示下次有机会一定会带我好好逛一逛。结果，我去过北京三四次，每次她都难以抽出时间来。

那个时候的她，跟现在判若两人。最明显的一点就是，以前的薇薇，从来没有时间自己煮饭。如今的她，眉眼温柔，反倒像了一个贤妻良母的样子。

我笑着问她：“在大城市里生活惯了，回来过这种平平淡淡的日子不习惯吧？反正我现在看到你，都觉得有点不适应。”

“哪有那么多的不习惯呢，什么样的日子不是过。与其拼得太累，不如回来好好休养。”薇薇一本正经地回答我，顺便让我尝尝她的手艺如何。

本来我是拒绝的，熟悉她的人都知道她在厨艺这方面真的没有天赋，该不会又是什么黑暗料理吧？不过盛情难却，我还是多少要给她留一点面子的，于是象征性尝了一口，却又一次颠覆了对她的认识——她的厨艺什么时候这么好了？

“以前没时间练，做菜这回事也就是这样，你心浮气躁的，菜品也就变得心浮气躁了，你用心去做，做出来的食物就会变得美味无比。”薇薇给我传授她的厨艺秘笈，竟然带了一丝哲理的味道。

的确，在北京拼杀的日子里，分秒必争，好多事情你不想做了，也有的是人去做，你落后了，就难有翻身的机会了，在那样的大环境下，谁有心思去研究做菜呢？能够给自己留个半个小时吃饭就不错了。

对于薇薇为什么会从北京回来，我也是有所耳闻的，一个是工作上的原因，本来志得意满的总监位置被另外一个竞争对手抢走了，新官上任三把火，第一把就烧在了她身上，兢兢业业工作了那么长时间竟然落得这样的结果，薇薇多少也是心灰意冷；一个是家庭的原因，爸妈也已经老了，不怎么愿意去北京，于是合计了一番干脆回了老家。

薇薇也不是没有想法，心里也曾不平衡过，虽然凭她的本事，很快就在老家这边找了一份新的工作，但是不管是工资还是其他资源都不能跟北京比，她本来就是闲不下来的人，结果新工作偏偏很清闲，让她产生了一种空有一腔热血却错付了的感觉。

但是看到如今的薇薇能够安安静静做菜，我就知道她已经成功地渡过了这个适应期。更重要的是，她不是被一个步调缓慢的城市同化，而是用另外一种方式努力生活。

我看到她的书架上摆着几本菜谱，几本名著，还有一些原本跟她的专业风马牛不相及的闲书。注意到我的视线之后，她笑：“反正没有事情做，干脆就充实一下自己，多学一点东西总不会错。”

我不得不佩服她的智慧与淡定。

一定要说起来的话，其实在这个三线城市的日子，应该已经算是薇薇的低谷期了。她是一个挺拼命的姑娘，也是父母嘴里常念叨的“别人家的孩子怎么那么出色”。一路走来，薇薇也算是顺风顺水，在大家纷纷想要往大城市里钻营寻找一处容身之地的时候，她却偏偏窝在这个小城，在有些人看来，不是不能理解就是觉得没出息。

好在薇薇本人在最初的焦虑过后已经学会释怀了，她优哉游哉地过着自己的生活，倒是活出了几分潇洒恣意的感觉。

她感慨着：“我总算是想明白了，别人看你怎么落魄不是最重要的，活得有多少努力也差不多是给人看的，至于生活的质量，只有真正过着的人才能够体验到吧。”

也许在别人眼中是惨淡经营，对薇薇来说，却是将生活落在实处的每一天。曾经她忙忙碌碌，营营汲汲，最后也不过是拿着一沓档案离开，而眼下的生活看似悠闲，却让她学会了一手好厨艺，并不断充实自己。现在她正准备参加司法考试，说不定在为下一次出发积蓄力量呢。

比起那些功成名就春风得意的人，我更羡慕薇薇一些。急流勇退、安于平淡不是每个人都能拥有的涵养，更让我羡慕的是她身在平淡中闪闪发光的气质，好像无论时光怎么磋磨，她都能够风雨不动安如山。这一份气度与境界，的确只能存于少数人的身上。

时不时地，我也会拿自己与薇薇对比，也不是没有经历过低谷，虽然不至于暗中垂泪到天明，但忍不住就会像没头苍蝇一样嗡嗡乱撞，但是好多时候也只能头破血流。完全忘记了，我还是可以选择蓄力等待，等待天色微亮，照亮密闭着我的小黑屋，让我寻找到正确的出路。直到看见表姐薇薇的做法，我才若有所悟。原来，人生也可以这样选择。

蓦然发现，并不是拼命就是认真，安稳修炼才能事半功倍。

在武侠小说中，那些中毒的人，若是情绪越发激动，血液流速过快，更有毒发身亡的危险，反倒是那些冷静淡定的人，才笑到了最后。仔细想来，竟然是同一个道理。

人的一生难有一直顺遂的坦途，也许是为了让众生的命运得到守恒，总是会在某些时候走得坎坷，踏入陷阱，这个时候，焦虑显然不是解决问题最好的方法，越焦虑，越会手忙脚乱，最后反而一步错，步步错。若是未能找到解决的办法，不如做好眼前的事，在你沉心修炼的日子里，每一天的平凡，都是不凡。

当才华撑不起你的野心时，静下心学习；当能力驾驭不了目标时，沉下心历练吧。

你的心底，要有改变命运的力量

还在上学的时候，我最怕的不是中年秃顶的数学老师，也不是刻薄毒舌的英语老师，而是笑得一脸憨厚的体育老师。其实怕的也不是这个人，而是怕那些想起来就觉得后背发凉的体育项目。

我从来都是一个四体不勤的人，当然也没有多少运动细胞，我最讨厌的一项运动就是立定跳远，这是考试项目，每次我都不及格。老师一次又一次地纠正我的每个动作与细节，直到达到教程上一板一眼的要求——你以为我从此成为了一个运动员级别的跳远选手，而事实上，我还是没有及格。

每次站在起跳线上，我都要停上一段时间做热身，当然，满手心的汗是免不了的，身边的加油声从大到小逐渐模糊，我终于做好准备奋力一跳，以为能够创造一次奇迹，但一米三左右的成绩还是给了我一个血淋淋的教训：原来真的只有千年难得一见的场景能够被称为奇迹，想要靠我的想象力跳出一个世界纪录来，显然是不可能的。

为了能够让我成功通过考试，有一个跳远达人陪着我练习。他告诉我："其实你可以做到的，只是你在害怕，你的恐惧挡在你的前面，让你觉得做到某件事是不可能的，当你也是这么想的时候，你就越不能做成这件事。"

我知道他说的很有道理，每次在跳远之前，我已经提前设定了我的极限，我看着刻度，心里想的是：我一定只能跳到这么远了。我真的已经跳不下去了。这已经是我的极限了。于是在我起跳的那一瞬间，我的前面横着一道无形的墙壁，让我永远无法跨越。就算我鼓足了劲儿，也不得不在它的面前选择屈服。

我对跳远达人说："但是我真的跳不过去了。再跳，我肯定会摔倒的，你跳的时候会不会有一种感觉，如果突破了这个极限，就已经超越了你的掌控范围，以至于你整个人都摔出去了？"是的，那堵无形的墙就是这样一种感觉，甚至我知道，这不是一种错觉，所以那会是一道无法跨越的坎儿，同时我也觉得，这是每个人想要保护自己的本能，谁都无法克制。

跳远达人蓦然笑了："我知道你的问题出在哪里了。以前我也有过不敢跳的经历，也是因为怕地面太光滑，用力往前跳没有阻力的话肯定会摔得很惨。但事实上这只是一种错觉，你越是怕往前跳，你就越容易摔倒，越容易摔倒，你也就会越害怕往前跳，就陷入了这样的死循环。"

“可是我真的跳不远。”我固执地说。

他想出了一个办法，“我们换一个场地跳”。换到的是一块细沙地，摔了也不会觉得很疼的那种。“不要紧张，你只要能够跳出第一次，接下来就简单了。在这里，你可以放心地摔了。”他开了一个并不高明的玩笑，但是不得不说，他的方法还是很有效的。

结果就是，我的确做到了。虽然这个方法同样不能创造奇迹，但至少能够帮我顺利搞定跳远考试。原来，只要跳出心中的那道围墙，就意味着你已经能够跳出许多意想不到的结果来。前面的那道坎儿，只不过是我为了保护自己，而臆想出来的藩篱，有时候它是一种保护，但是更多时候，它会变成一种禁锢。我们一直坚信的能力论、宿命论，也不过是如此不堪一击，连一个自认为一辈子都不可能跳远及格的女孩子都可能改变眼前的劣势，还有什么是真的难以改变的呢？

我身边还有许多抱着宿命论的朋友。虽然是天赋人权，但谁都知道，在人出生的那一刻开始，就已经产生了种种的区别，作为芸芸众生的我们，也难免会觉得，原来一切都是命运的安排：家庭背景是命运的安排，智商、情商是命运的安排，人生路线是命运的安排……人类只不过是行走在命运掌心的蝼蚁，有什么资格去跟它叫板呢？与其抗争却被压在五指山下，不如就这么顺其自然吧。

然后浑浑噩噩度过这样平庸一生的人就诞生了。平凡没有错，但是主动选择平庸，那就是大错特错。

就像我曾经在跳远时脑海里突然出现的那一道无形的墙，所谓的命运，也只是人们发现自己的努力没有得到相应的酬劳时的一种抱怨罢了。人们总要为自己的失败找一个恰如其分的借口，于是无影无形的命运就这样应运而生了。在一个人失意时，它是如来佛祖一样的存在，不只是一堵跨不过的墙，不只是一座翻不过的山，更是一块厚重的石碑，上面写着：此路不通。让人望而生畏，打心眼儿里就已经失去了挑战的勇气。

但事实上，命运真的没有你想象的那么可怕。你的畏惧，多多少少是源于之前的三人成虎，然后是因为对失败的逃避。已经提前告诉自己一个必输的结果，怎么可能会有去赢的勇气呢？

程冬姑娘是我的高中同学，长年穿笨重的校服，带着厚厚的圆底镜片眼镜，比一些男孩子都要短的头发，整个人显得木讷笨拙。更众所周知的是，她的智商也要比一般人稍低一些，大多数人听一遍就能理解的问题，她需要重复三四遍，将它记在本子上反复温习，才能保证不出错。

那个年纪的男孩子喜欢调侃人，常常聚在一起朝着她的方向大喊：“快看，有傻妞！”谁都知道他们是在调侃程冬，只有她本人像是毫无所觉的样子，依旧仔仔细细地翻着错题本，真正做到了两耳不闻窗外事。

是的，与她的傻齐名的就是她的努力，程冬是恨不得将每分每秒都放在学习上的人。就算天道不酬勤，人心也会因为她的努力而感动，虽然程冬经常拿着一些简单的问题去求教，但从没有人拒绝或是嘲笑她。

尽管她如此努力，成绩也不过是在班级的中游徘徊。也许这样的结局，是会让许多付出过的人不满意的，但是我从来都没有听到过程冬的一声抱怨，反倒是在出榜单的时候，经常能看见她嘴角浅浅的笑容，大约是在说：看，又进步了呢！

也许，对于程冬来说，她已经尽了全力。

当然，虽然程冬很努力，也没有人相信她能考上大学。然而故事总是出人意料，榜单出来的那天，所有人都惊呆了，程冬不仅考上了大学，还是一所重点学校。

毕业典礼的时候，我问她是怎么做到的，她笑了笑，说："大概是因为我从来都不把命运当回事吧，虽然我看起来很瘦弱"她玩笑似的举了举胳膊，"但是我一直相信，我有改变命运的力量。"

她的回答一如既往让我摸不着头脑，但是那份乐观真的震撼到我。一直觉得智商这种东西早已在降生的那刻注定了，蓦然听到这种振聋发聩的声音，才发现之前自己错得有多么离谱。

倘若你将自己的人生对手，也就是无数人怨念或膜拜的"命运之神"想象得太过强大，即便你手握强大的资本，也固然难以战胜。想要打败它，首先就要从战术上轻视它。要知道，它从来都没能掌控过你的人生，曾经不能，现在不能，未来，更没有可能。你的内心因此而强大，命运的力量也因此而削弱。

"命中注定"只是弱者给自己找的借口，永远不会是强者炫耀的理由。一切的转机，都是从改变开始的，没有改变，也就没有蜕变，一马平川的人生或许没有跌宕起伏的风险，却也可能只是一马平川的低谷。相信吧，你的心底有改变命运的力量，你也要敢拥有这样的改变命运的力量。

在灰暗的日子中,不要让冷酷的命运窃喜；命运既然来凌辱我们,就应该用处之泰然的态度予以报复。——莎士比亚

你有任性的能耐，就要有坚强的本事

随着《伪装者》与《琅琊榜》这两部国产良心剧的热播，沉寂了许久的胡歌也回到了公众的视野里。

他本来应该有顺遂的一生。14岁就已经小有名气，19岁高分考入上海戏剧学院的表演系，23岁时因为一部《仙剑奇侠传》红遍了大江南北。然而前面的风平浪静，似乎是为从云端跌落埋下伏笔，将这个故事写得更加惨烈。24岁时，去拍戏的路上，胡歌遭遇车祸，终于抢救过来，却毁了娱乐圈中最看重的一张脸。即便是整容植皮，依旧留下了难以痊愈的伤疤。

如今他三十三岁，正好是一个男人的黄金时代，也终于带着他的作品回来。谈及眼角那块明显的伤疤，胡歌说："那时候医生说用包皮移植是最好的，因为与眼角处的皮肤相似度最高。这张脸对我来说的确是重要，但是我还是不能接受，所以直到今天，你看到的还是有残缺的我。”

十年的雪藏，十年的蜕变，终于让一个小鲜肉变为成熟稳重的胡歌，有了“天下奇才梅宗主”的美名。但是他还是有着最“愚蠢”的坚持，最放肆的任性：他从来都没有后悔过植皮时候的选择。哪怕这个选择，让他沉寂的时间无限拉长，娱乐圈里更新换代的速度这么快，甚至有着终其一生都不可能再红的风险。

但是这样的风险，胡歌还是像当初那个懵懂天真的少年一样承担了下来。更值得庆幸的是，他也成功地渡过了最难熬的时光，他坚持住了，也终于证明了，他的选择并没有错。虽然伤疤难以痊愈，但看着他身上的气质，你就会明白，这是浴火重生的味道。

当然，在胡歌成功蜕变之前，肯定会有人说过他的矫情与固执，在圈中，任性是一文不名的。想来那个时候，他并没有什么资本为自己的任性买单，他所能做的事情，就是等，在这个过程里，他需要穿过无数飞短流长的蜚语，穿过无数钻心透骨的目光，他当然可以正气凛然地表示要退圈，不受这一份窝囊气，但是没有人比他更明白，做出选择的是他，应该承担这个后果的也是他，没有人会为他的任性选择坚强，能做到这一点的，只有他自己。

终于，胡歌做到了，将同情的眼泪留给了别人，用坚强换来了本应属于他的鲜花与掌声。

原来，任性只是一个开端，而你的坚强，才会为这个故事写下一个圆满的结局。当然，任性的人还有那么多，大浪淘沙之后，剩下的寥寥无几，难道是这些被淘汰的人任性程度比不上胡歌等人吗？那倒未必，只是这么多任性的人里面，大多都不敢坚持到底，可能因为遇上一些刁难，遇上一些挫折，就已经“痛改前非”，表示要“为自己的任性买单”了。连坚强的本事都没有，谁还能保证他们尝到最终胜利的果实呢？

你有任性的能耐，就要有坚强的本事。每个人都有任性的时候，但真的不是每个人都有坚强的本事。

可能在很多人的眼里，“任性”就是一个贬义词，因为它往往带来的都是一些不好的后果。一个叫小马的姑娘，因为与同学相处得不顺，也因为平时看过许多鸡汤文，看到很多成功人士并不意味着需要一张文凭，于是豪爽地任性了一把：她也选择了辍学。

只是在退学之后，小马却茫然了，她只是因为一时冲动做下这个决定，接下来应该做一些什么，她还没有一个初步的打算。好在小马是一个乐观的女孩儿，消极了一段时间之后，又重振旗鼓，而且她也不算毫无特长，能写一手好文章，以前就经常在老师那边留名。于是摸准了一些杂志的风格之后，她就准备开始投稿了。

写稿子的路并不像她想象的那般顺遂，接连几天要么石沉大海，要么收到一些无关痛痒的退稿信。对于她的辍学，小马的爸爸妈妈一直都是持着否认态度的，甚至不能在小马最需要温暖的时候给予支持，而是整天苦口婆心地规劝，希望她能够回心转意。

小马终于清醒过来，原来她一直以为的才华，在别人看来就是一场笑话，只不过是为了维护她单薄的尊严，所以一直没有揭穿。

为了避免这份尴尬，小马既没有坚持自己写作的梦想，也没有遵从父母的意思回到学校，而是成为了北漂一族。有一些北漂混出了头，成了名，但也总有一部分人依旧住着潮湿的地下室，吃着最便宜的快餐，为了争抢一个机会早起晚归。不幸的是，小马成为了后者。

小马的家境不算富裕，但绝对算是小康之家，小马作为独生女，从小就没有吃过什么苦。北漂的日子里，她算尝尽了苦头，完全颠覆了想象中逆袭的画面。在父母的规劝下，在无数个深夜痛哭之后，小马终于放弃了固执的坚持，选择返校继续学习。

如果你想看的是一个浪子回头金不换的故事，恐怕这样一个故事不能满足你。但是我想一定还有更多的人，还是会觉得遗憾，遗憾故事就这么结束，他们还没有等到一个足够精彩的结尾，一个屌丝逆袭的故事。然而这才是真实的生活，逆袭的故事并不是每天都在发生，小马想要等的“衣锦还乡”，终究没有发生，而她担心的被人嘲笑同样没有发生，她就那样安静地回去了，像她之前一样，没有引起轰动，甚至没有人在意。

小马并不是个例，多少人曾经任性妄为，最终都被时光慢慢扼杀，被现实慢慢磋磨，然后随大流成为了原本最不想成为的人。

这时候，总有一些人会站出来：“看到了吧，不听老人言，吃亏在眼前。早就告诉过你会这样了，一定要输过了才知道回头。”虽然会低眉顺眼地听从这些事后诸葛亮的经验教训，但心中依旧有着浓浓的遗憾，不停地想着，如果坚持下去的话，会不会是一个不一样的结局。但是这个时候，他们已经没有勇气再去尝试一遍了。输不起的人，才是最可悲的人。

如果说任性是每个人都会有的心血来潮的话，坚强就未必会是每个人都能具备的心性了。不妨试想，在小马第一次选择任性退学的时候，她开始写作，没有因为一时之间的退稿而放弃，而是不停地写下去，会不会有一个不一样的结局呢？

“假设”并不是我擅长的事情，但是不管怎么狼狈，也不会狼狈过最初的一事无成吧？更为可惜的是，还有许多如同小马一样选择过任性的人，都没有选择坚强，面对尘世的风风雨雨，他们更多地选择了屈服。所以，很多时候，当你听到一个“浪子回头”的故事，都要叹息一番一个逆袭的可能性的逝去。

其实我不是一个“叛逆万岁”的提倡者，只不过是想为任性正一正名。也许比起顽劣来说，“任性”更像是一种能耐，只是把这种能耐玩坏的人多了，它身上也有了难以洗刷的污名，以至于人们常常规劝：“千万别任性。”如果“任性”有生命的话，一定会忍不住想要为自己喊冤的吧。

很多时候，天才都是因为一时的任性，那些功成名就的人，谁没有过一份固执的坚持？ 只是在任性之前，想想你是否有坚强的本事。倘若有，相信你也会有一个如胡歌等人一样精彩的结局。在此之前，不说放弃。

所有人的坚强，都是柔软生的茧。——张嘉佳《从你的全世界路过》

PART 2

谁不曾被生活辜负？你的脆弱救不了自己

如果有一段黑暗是每个人逃无可逃的，如果有一阵煎熬是必须独自承受的，不要怕，岁月会带给你最好的回报。

我们都会经历一段独自煎熬的岁月

小暖是一个刚刚开始写杂志的新人，从一开始的元气满满，到后来的垂头丧气，她告诉我，没有了坚持下去的勇气。她写过几篇短文，都被退稿了，忽然有一篇被某个小有名气的杂志录用了，于是信心大增，再接再厉写了很多，却惨遭滑铁卢。一时间，小暖变得好沮丧，仿佛世界都变得灰暗。

“我觉得这一篇要比上一篇好啊，其他稿子退了我都可以接受，但是这一篇我真的花了很多心思，我记得那天一直改到凌晨四点，我没想到会被退。”她沮丧地说。

是的，这是小暖万万没想到的。她没有想过自己会失败。

在许多人看来，天道酬勤，功不唐捐，付出多少努力就应该换来多少收获，这是天经地义的事情。可惜这个世界上没有一个叫做上帝的公平裁判，他不会将你的努力一一衡量之后颁发给你相应的奖励。很多时候，你需要付出更多，才能够收获些许奖赏。

譬如写稿，我告诉小暖，你只有很努力，才能看起来毫不费力。过稿本来就是出于综合因素的考量，而不仅仅只是你个人觉得是否有所进步。可以说，在我身边写字的朋友中，确实有一炮而名的，那只是凤毛麟角，大多数人都在默默耕耘。此外，他们都有一个共同的特点，在上稿之前都曾经历了暗无天日的改稿的过程，熬夜不算什么事儿，推掉许多活动也是正常，一篇稿子翻来覆去地看，不断修改。于是有人自我调侃说："面朝键盘背朝天，我是码字机，我为自己代言。"

当然我并不是在批判自我怀疑，自我怀疑意味着反思与进步，我只是希望，不要让怀疑挡住你的脚步。

每一天都会有人怀疑：我是不是适合这份工作？我是不是适合这个城市？为什么我这么努力，还是得不到回报？

当怀疑遇上天赋，其中的化学反应则会愈发剧烈，有的人付出得比你少，却得到了更好的结果，这是不是说明你不适合这一行呢？

未必。

高智商高情商的人占多少比例呢？再极端的研究数据都不会表现得太乐观，所以处于中间的绝大部分普通人，依靠的就是坚持，依靠的就是比别人付出更多来获得胜利。

你只看到别人云淡风轻的时刻，却不知他们在半夜里挑灯夜战的艰辛。就拿学霸来说，在你艳羡他们的成绩跟奖学金时，人家也许正在图书馆自习室刷夜。当学霸们笑得谦逊说“我其实不怎么样”的时候，你永远不知道想要露出这样的笑容必须付出多少艰辛的汗水。

没有理所当然的成功。在这个不等价交换的过程中，无论多么努力都不为过。

这个时候，你还想问为什么我付出了这么多却还不成功吗？原因很简单：因为别人比你更拼！你在为自己取得的一点成绩沾沾自喜时，别人已经把你甩开好远。

不要去想你已经付出了多少，而是要问你还能为这个目标坚持多久。

坚持这件事，对待成功如此，对待感情亦然。有一个普遍的现象：女孩为了自己喜欢的男生跑到他的城市去上学、工作，等到分手的时候觉得分外不甘心：“为什么我付出了这么多，你还要这样对我？”

他们觉得自己已经做得够好了，付出得已经足够多了，于是无法接受不够甜美的果实，但是谁又能保证所有的果实都足够甜美呢？就像劳苦工作了一年的农民，却不幸遭遇了天灾，颗粒无收也是难免，难道他应该怨恨上天为什么没有祝福他一帆风顺吗？

同样的，为爱人付出了许多的男孩女孩们，永远不要抱怨结局的不圆满，至少，你们曾经相爱过。

从某种角度来说，没有人强迫你去爱，没有人强迫你去付出，一切都是源于内心对爱情的渴望。所以，这样的道德绑架未免显得太过滑稽可笑。

与其将所有的责任推卸到别人身上，不如寻找自己做事的本心，永远别忘了，你做这件事情的时候并不是为了对方，而是为了自己的快乐。

道理推而广之，你付出的努力未必是为了得到别人的肯定（也未必能得到别人的肯定），但是永远别忘了，你走在一条属于自己的路上，你每付出一点，也许就能进步一点，别人看不到，没有人认同，都不要紧，记住，你是在做自己喜欢的事。不必沮丧，不必抱怨，永远不要说“我坚持不下去了”。你说得越多，就会越脆弱，不如好好经营你现在拥有的时光与资本。

好酒是需要慢慢发酵的，成熟也是需要静静等待的，若是操之过急，等到的也只是青涩的果实。太早说放弃，只能让所有努力付之一炬。当你抛弃信念，否定付出时，幸运女神还有什么理由眷顾你呢?

谁都可以看不起你的努力，但是你不可以。

回到一开始写稿的问题，当文字印成铅字时，大家看见的是你的名字和你的胜利果实，但只有你自己清楚，在积蓄的岁月里，走过多少茫然，走过多少颓废。这都不是无用功，几乎是每个人的必经之路。哪怕你一夜成名，也无法否认当初在昏暗的台灯下将文字一个个打磨的时光，你翻找着词典，你翻找着史书，你研究语法，你研究遣词造句……

“哪怕被退稿千百次，只要你写下去，总会有进步的，而当你不停地进步，还会担心没有地方再用你的稿子吗？”

这是我给小暖的答案，也是我给许许多多惶然迷惑者的答案。

这个世界上注定没有太过简单的事情，纵使有时候别人做起来毫不费力。不要在最难过的时光里摇头叹息，自我怀疑，而是做好熬一熬的准备，在无人看见的黑暗里好好摸索，你会找到属于自己的方向。那个时候，你还会想“我是不是做错了选择”吗？

如果有一段黑暗是每个人逃无可逃的，如果有一阵煎熬是必须独自承受的，不要怕，岁月会带给你最好的回报。

岁月不饶人，我亦未曾饶过岁月。——木心《云雀叫了一整天》

无痛的是人流，不是人生

在大多数人看来，在写作这条路上，我算是走得顺风顺水，于是不免艳羡：“为什么我这么努力了，都好像比不上你的十分之一，你是怎么做到的呢？还是这个世界上真的有天才，或者是被老天眷顾的人？”

这个时候我只能笑笑不说话，说多了是尴尬。

我不是一个很喜欢抱怨的人，也不喜欢像祥林嫂一样细数自己一路走过来所受的委屈，很多时候的狼狈也只能独自品尝，给身边的人传递太多的负能量不免会遭人嫌恶。于是难免会有人误会，以为世间真的有什么事情可以做到完美。

刚刚开始写稿子，是中学时候的事情了，偏科严重，在杂志上发表文章的事情被班主任兼数学老师发现了，就觉得一切的罪恶都有了一个合情合理的源头，苦口婆心地规劝，先把重心放在学习上，眼下安稳渡过高考才是最重要的。

那时我年少气盛，自觉学习是学习，写稿子是写稿子，一定要将所有的错都归咎在无辜的文章上，岂不是比窦娥还冤？于是对班主任的话抵触强烈，自然明里暗里与他对着干。被班主任察觉到之后，直接采用了所有老师惯用的一招：请家长。在某个炎热的夏日，闷热的办公室里，他面无表情地问我："你觉得你会成为蒋方舟吗？"

我瞬间明白了他的意思。作家蒋方舟被清华破格录取，而我若是没有这样的本事，还是沉下心来好好学习的好。

有人说，每一个文字工作者都有一颗敏感的心。不敢说自己敏感，却也不迟钝，有时候不免觉得，若是少年时候能够迟钝一些，倒是能够免去许多伤害。可惜那个时候，我们都愿意凭着一腔热血横冲直撞，哪怕遍体鳞伤，也要找寻一条真正属于自己的出路。等真正"成人"了，世俗的压力却让我们少了一些应有的勇气。

我就是靠这样的一腔孤勇闯了过来。当然，在这个过程里，有一段时间沉寂了许久，因为茫然，因为无措，曾经以为的一路顺遂变成了屡屡碰壁，让我不由自主地怀疑：我一直坚持的，会是一条正确的路吗？如果我早一点放弃，听从了良师诤友们的建议，或许会将这条路走得平坦一些。

好在生活并没有给我后悔的余地，我也未能在一家万能的百货商店买到后悔药。所以在无措与茫然之后，我还是继续走了过来。渐渐地，就听到了好消息，一封封过稿信，一笔笔稿费，在别人眼里，我也总算看起来光鲜亮丽了一把。

在外人眼中，看到的永远是海平面之上的冰山，至于深藏在海水之下的时光，已经不在他们的考虑范围之内了，不过重要的，从来都是看得见的冰山，不是吗？

我们忍着剧痛往前走，我们踩着刀尖跳舞，难道不是为了让别人看到我们胜利的笑容，看到我们优雅的舞姿？多少血和泪，都已经凝固在无人可以窥见的排练场里。

认识一个学跳舞的姑娘，气质上佳，连走路的动作都能够让人没由来地觉得高雅，像是在跳一支舞，站在那里就像一朵绽放的荷花，清净美好，不会让人觉得过分耀眼，但是目光不自主地往她身上瞥。

我向来羡慕能够将气质拿捏得这般恰到好处的人，毕竟俗语告诉我们腹有诗书气自华，但很多时候大多数人只成为了沉闷的老学究。于是请教她秘诀，笑问是不是只要跟她学两天舞蹈就可以这样了。

她打量了我两眼，告诉我说你是做不到的。她没有蔑视的意思，因为哪怕是很多专业人士都没能做到像她一样。

当我满心失望时，姑娘脱下鞋子给我看，这个时候我才知道为什么哪怕是最闷热的夏季，她也从来没有穿过凉鞋——那本来应该是一双白皙的纤足，如她本人一样优美，但是映入眼帘的却是脚趾扭曲的畸形。

原来她从小练的就是芭蕾，因为母亲告诉她，学芭蕾最有气质，于是就开始了不停地踮脚与大旋转的生活，生长的骨骼也在舞鞋里面逐渐扭曲。

年少的时候她也曾担心双脚从此畸形，但是对于舞蹈的渴望战胜了忧虑。她选择继续跳下去，而双脚的形状也因此定型，再也改不回来了。

“平时都不怎么敢穿凉拖之类的，就是怕吓到人。”她笑着说，但是我看见她眼里有泪。

原来这样姣好令人折服的气质，竟然是建立在双脚慢慢畸形的痛苦之上。我不由想起童话故事里在刀尖上起舞的美人鱼，想来她们优美的舞姿之后，都是凝噎着难言的血泪，所以看起来才会格外的美好诚挚与惊心动魄。

果然，这个世界上并没有一蹴而就的事情，纵使天上掉馅饼，有时候也不得不担心一下会不会被这个突如其来的馅饼给砸晕了。哪怕看起来只需要费一些功夫学习的舞蹈，看起来是需要一些耐心培养的气质，背后也会有这样大的代价。

世人都是偏心的，与这些并不励志的过程相比，他们更愿意看到美好的结局，看到百花齐放，看到气质出华。而这段带着血泪的旅途，则需要你一人去承担与磋磨。等有一天回头来品味，才能够明白其中涩中带甘的滋味。

生活到底不是一个模子，不能将所有人放在流水线上制造出完美的人生来。于是世人在走自己的路的时候，有磕磕绊绊，有头破血流，在完美主义者的眼里，这些瑕疵皆是缺憾，但是在生活家的眼中，每一个有瑕疵的人生，都是圆满。

不要去担心自己过得不够精彩，不要步步惊心，担心踩了人生的某个地雷，就算是真的踩了，也只是炸了一声响，你以为有多大损失，其实没什么。每个人都在摸滚打爬，每个人都在摸索前进，不受一点伤，怎么能圆满？

无痛的是人流，而不是人生。如果你觉得痛了，也许只是因为你在真正地生活。你可以怕痛，因为痛会让你警醒，会让你明白接下去的路该怎么走，而不仅仅像没头苍蝇一样乱撞。恐惧疼痛本身并不可怕，可怕的是你因为恐惧而退缩，可怕的是你忍不下这段苦楚的光阴，白白错失了一个历练的机会。

忍住眼下的痛吧，纵使是在刀尖上起舞，也应该跳出你最美的姿势。

别人的剧本，再颓废也没人心疼

少女簌簌写了长长一封邮件给我倾诉成长的烦恼。

她说，她出生在一个家教甚严的家庭，都已经是21世纪了，都还有宵禁这个东西，如果没有家里长辈陪同，晚上八点之后是绝对不许出门的。打小就让她学习许多这辈子都不一定会用上的知识，如果她偷懒的话，一定会被教训得狗血淋头。她说，从小到大，她就没有感受到过一点家庭的温暖。

她给我写邮件的时候，正在离家出走的路上。曾经的簌簌是一个乖巧的女孩，做事循规蹈矩，礼仪到位，是“别人家的孩子”最好的典范。平时家里有客人来，对簌簌从来都是赞不绝口。一直挑簌簌毛病的，反而是她的爸爸妈妈，仿佛在他们眼里，簌簌哪里都有毛病，就算是鸡蛋里挑骨头，他们也不会让簌簌松懈下来。所以从簌簌记事开始，就生活在爸爸妈妈的重压之下，她不敢撒娇，只能战战兢兢地做得更好，就是为了能够得到他们一个肯定的眼神。

但当簌簌到了少女时期，叛逆意识逐渐苏醒之后，她终于明白了，与其做得更好却一直得不到爸爸妈妈的肯定，不如干脆堕落到底，这个时候父母就能看见，曾经的自己有多么好了。

压抑太长时间的簌簌尝到了自由的美好滋味，一发不可收拾，她跟着学校里成绩垫底的叛逆少女一起说脏话，一起染发，一起溜进酒吧……想要变得更好是很难的，但是想要堕落，其实只是一朝一夕之间的事情而已。

谁都没有想到乖乖女簌簌会做这样出格的事情，或者说别人也不关心，反正这个世界上总会有一些叛逆的姑娘恨不得与世道相悖的，就算是了解到簌簌的情况，也只不过是为了八卦罢了。但是簌簌的家人却像被引燃的炸弹一样爆炸了，爸爸强行押着簌簌剪掉了染色的头发，变成了男生一样的板寸头，妈妈在一边拿着鸡毛掸子看着，要是簌簌敢说一句脏话，她就会狠狠地抽她。

不敢在爸爸妈妈面前放肆的簌簌干脆偷了家里的钱离家出走了，给我写信的时候将那些委屈一股脑地倒了出来。她当然也知道跟那些“小太妹”一起混不好，但是说到底，她也只是一个十几岁的少女而已，受不了高强度的压力，受不了如此压抑的生活。只有跟那些“小太妹”一起混的时候，才真正感受到了自由的滋味。

心疼簌簌遭遇的同时，也大概了解了她的想法，其实她只是需要歇一歇，需要稍微宽松一点的氛围。能够做这么久的乖乖女，说明簌簌并不是那种没有耐心和责任感的孩子，她之所以坚持不下去了，更多的是想要逼父母妥协。

我知道簌簌并不想就此颓废下去，所以回信的时候给她讲了一个故事，是金庸《笑傲江湖》中的一个小支线。在东方不败将任我行关押在黑风崖底下，夺取了教主之位后，很多人都已经屈服在东方不败的淫威之下，一声不吭，抱着明哲保身的态度静观事态发展，无论日月神教发展成什么样子都跟他们没关系了。只有其中一位护法，非要撞到枪口上去，对东方不败各种指手画脚，一个不如意就大肆说："老教主在的时候BLABLA……"就怕别人不知道他是支持任我行似的。

向来专断独行的东方不败自然忍受不了这样一个家伙，找了个机会就把他关押起来了。当后来东方不败失势，内忧外患，日月神教中的人反水的反水，逃走的逃走时，却也是这个被东方不败虐了无数次的护法，坚定地站在了他身边。

这封信寄出后不久，又收到了簌簌的来信，如我所料，她已经跟父母和解了，父母跟她约法三章，却少了很多过分的要求。她的这次离家出走，总算是让父母想清楚了，对于孩子的教育，一定要张弛有道。她说她看了我的回信，也谢谢我能够写那封邮件给她，她看懂了我的故事，因此会比以前更珍惜那些真正关爱她的人。

原来真正为你好的人，是不会放弃你的。这个世界上没有绝对的自由，就像簌簌，她的爸爸妈妈一直约束着她，希望她从小就能够约束自己的言行，只是为了让她以后不用被人约束而已。

有一句话叫做“别人的剧本，再颓废也没人心疼”，有时候与你吵架的，往往是跟你关系最好的人；会反驳你的做法的，或许就是你最坚定的支持者，因为对别人来说，你过得是好是坏，都与他们无关，最多只是茶余饭后的谈资罢了。

就像你在大街上看到有人穿着古怪，你不会直接冲上去告诉他，喂，你这身打扮很奇怪啊！你只会在之后笑嘻嘻地告诉你的朋友，你在路上遇到了一个奇葩。

这个世界上没有无缘无故的爱，也没有无缘无故的恨。如果不是自己关心的人，谁会莫名地为自己拉仇恨呢？

好好珍惜每一个在你身边与你意见相左也要大声说出来的人吧，因为好多时候，真正爱你的，也就只有他们了。他们见不惯你的颓废，见不惯你的冲动，见不惯你的任性，但也正是这么多的见不惯，造就了现在更好的你。

伤心是伤心，颓废是颓废，伤心是因为过去，颓废毁灭的却是未来，永远不要拿颓废当伤心，用未来为过去陪葬。——桐华《那些回不去的年少时光》

每个人都有别无选择的时候

那是他人生中最狼狈的时候，仿佛要在一夜之间将八辈子的血霉都倒光一样，生命的光芒仿佛瞬间熄灭，将他打回地狱。虽然之前他也没有觉得幸运女神眷顾过自己，但他比一般人都要坚强得多，至少一路上没有遇上让他忍不住想要哭出来的时刻。

磊的双亲都是哑巴，以打铁为生，但他是正常人，为了让他得到良好的教育，磊的父母将他寄养在亲戚家中，只有在节假日的时候才能回家。特殊的环境让他心智早熟，在别的孩子哭闹着买零食的时候，他已经能够踩在凳子上做饭了。磊早就习惯了世态炎凉，早早地明白了别人各异的眼神中的深意：鄙夷、怜悯、同情……

有时候他也想过，如果自己知道得少一些，会不会过得更快乐一些，无忧无虑的少年时光，他是没有经历过的。很多长辈都说，他小小年纪，心思太重。这是坏事，也是好事。更多时候，他还是感谢自己能够活得明白，至少他知道，他应该做些什么，将来的路要怎么走。

是的，磊的成绩名列前茅，他励志要考上海某著名大学，这样离家又近，对未来的发展也好。别人还在懵懂的叛逆期，他却早就做好了人生规划，甚至要比许多成年人都理智得多。十年苦读，他也的确实现了自己的理想，录取通知书送过来的时候，他的父母喜极而泣，拿出了所有的存款，就为了供他上大学。

在读大学的时候，磊就已经开始勤工俭学，负担起自己的生活费了。大三的时候，凭着丰富的社会实践经验，已经有不少企业抛出橄榄枝，让他去参加实习，同时，他的导师也很欣赏他，想让他考研究生。美好的生活似乎唾手可得，人生也应该苦尽甘来了。

只是你从来都不会知道命运在哪里埋下伏笔。一天早上，磊接到了一个电话，是邻居大伯打来的，让他赶紧回家，他父亲出了车祸进了重症监护室。母亲不想打扰正在人生关键期的儿子，不让人给他打电话，但一天之后，母亲却失踪了。

磊听后发疯似的赶回家，将发表论文的事委托给了朋友。风尘仆仆地下了飞机，却听到父亲已经去世的噩耗，而母亲依旧杳无音讯。他一边登了寻人启事，一边开始筹办父亲的丧事，整个人忙得团团转，根本来不及流泪。

过了几天，母亲的消息也传来了，但这个时候，他宁愿没有听到这个消息。他的母亲伤心过度，一时想不开，随父亲去了。

母亲的遗体运回来的时候，磊终于没有撑住，抱着她的遗体大哭了一场，几天之内，他最亲的人都一一离开了，不管他平时表现得多么坚强，这一刻终于崩溃了。

很多人都觉得他跟父母不亲，可能是他心思太重，看不起父母的身份。但只有他自己明白，这个世界上，如果还有谁全心全意对待自己，不带任何怜悯同情的色彩的话，那就是他的父母了。

悲伤过后，生活还是要继续，在亲朋好友的帮助下，他将父母匆匆下葬，返回了学校，而等待他的，却是另外一个打击。他曾经非常信任的朋友，将他托付整理的论文发表了，署名却不是他，第一著作权人是他的导师，接下来就是他的朋友，当然，他的名字也在上面，只是排在最末尾的位置上，谁都不会注意角落的一个名字。

磊气冲冲地找了朋友对峙，起初对方想要请求他的原谅，说自己急需几篇论文方便出国，不然的话不知道还要耽搁到什么时候，至于磊的损失，他一定会赔偿的。但那时磊的心中满满的都是负能量，怎么可能听进他的解释呢？就算是在平时，窃取别人的研究成果这种事情也很难让人毫无芥蒂地原谅。

朋友见他如此固执，就直接翻了脸，让他拿出自己抄袭的证据，不然告到导师那儿都不会有人给他做主。磊在怒火攻心之下，以为导师也是对朋友的抄袭知情，只是故意不告诉自己，于是又去找导师闹。而事实上，他的导师的确对此事不知情，但在磊毫无证据地一通抢白之下，早就恼怒，虽然后来磊道了歉，到底是埋下了火种，不再支持他考研究生，更不会当他的导师，还凭借个人关系将磊的不少OFFER直接回绝了。

一夜之间，变故横生，磊都不知道，自己是怎样被逼上绝路的。

还在几天之前，他的双亲健在，学业事业顺畅，朋友交好，导师看好，虽然家境清贫，但他的未来还有许多种选择。但是如今双亲过世，朋友反目，导师嫌恶，甚至连好工作都已经对他关闭了大门。

“我的确想过轻生，一了百了显然会比现在更轻松，反正活着也只能这么凄凄惨惨地一辈子了。但是转念又想，我现在已经够惨的了，难道命运还要让我更惨吗？还能有什么时候比现在更惨的呢？然后我坚持了下去，找了一份稳妥的白领工作。再后来，你看到的就是现在的我了。”

在校友会上，他西装革履，在席间言笑晏晏。周围同样的成功人士发出一阵捧场的笑声，仿佛在赞赏他的幽默感。只有磊自己清楚，他从来不觉得演讲多么幽默，更像是一种可悲。好在他还是坚持了下去，在没有选择的时候，他挺了过来。

有时候选择多是一种痛苦，但没有选择，显然要比有选择来得更寒酸与尴尬。只有在别无选择的时候，我们才会明白所有能够选择的机遇都是那么可贵，可惜当初我们却白白地蹉跎了它们。当我们无路可走的时候才会发现，有时候想要靠硬碰硬撞出一条血路来，是一件多么不容易的事情，但是曾经我们却在岔路口犹豫了那么久，浪费了那么多宝贵的时光。

每个人都有别无选择的时候，这是毋庸置疑的，只是这样的情况，有时候可能只是无伤大雅的，有时候却能伤筋动骨，性命攸关。想来此时最明智的做法，就是在别无选择中选择吧，你当然可以就此一蹶不振，但千万别忘了，命运还给你留了一条路：不管前路是怎样的坎坷，请不要放弃，坚持走下去。

如果你也遇到了这样的困境，不妨少一点东张西望，多一点埋头走路的耐心吧。毕竟，放弃很容易，坚持不容易。

生命中总有那么一段时光，充满不安，可是除了勇敢面对，我们别无选择。

挣脱束缚的风筝，一定会越飞越高

少年阿冉出生在音乐世家，父亲是大提琴手，母亲弹钢琴，祖上从事的也是跟音乐相关的事业，在国内外都小有名气。对于阿冉的出生，他的父母自然十分欣喜，并且抱有很大的期望。阿冉从小就在音乐方面表现出了与众不同的天赋，乐感很足，十指修长，不管是在钢琴还是其他乐器上面都有着得天独厚的优势。

但天赋并不意味着兴趣。

虽然阿冉的父母没有逼他选择钢琴或是提琴，却早就给他限定了一个领域，那就是音乐。他们觉得这是理所当然的事情，既然有这样的天赋，既然有这么好的环境，不利用资源岂不是暴殄天物？刚开始，阿冉也觉得自己的确是要走这一条路的，因为他的爸爸妈妈从没有给过其他选择，所以很自然地顺着这条路走了下来。

直到中学的时候他接触到了编程，阿冉才发现，如果真正喜欢一样东西，两者之间是会有心灵感应的。所以，令人大跌眼镜的是，一个音乐艺术生突然转了兴趣，开始研究起八竿子打不着的计算机编程。

其实阿冉最擅长的的确不是IT行业，他的记忆力仿佛是为了记住音律而生的，到其他方面就有些捉襟见肘了，要记住不同语句的规律往往要比其他人花更长的时间。但他也是不服输的性子，买了许多资料之后，几乎将所有精力都投入其中。

阿冉的父母本来是乐见其成的，玩音乐的人大多数都有自己的兴趣爱好，别看音乐让人心情舒缓，但是真正做这一行的时候就会发现，它给人的压力不是一般的大，所以有一件兴趣爱好能够减压也是一个不错的选择。但是他们没想到，阿冉对编程的执着都快到了走火入魔的地步，荒废了每天的音乐必修课，这已经不是简单的兴趣爱好了，两人的内心响起了一阵警铃：一定要及时地阻止阿冉犯傻才行。

刚开始，他们准备用怀柔的政策，带阿冉满世界参加各种音乐会，让他感受在一个金碧辉煌的礼堂里演奏的舒适感，培养他各方面的兴趣，好让他从对编程的执着里解脱出来。但是没想到，即便如此也不能扼杀他的热情，在闲暇的时候，他练的已经不是编曲，而是各种程序符号，把父母气得够呛。

见用软的不行，他们就直接跟阿冉摊牌，勒令他以后不能再碰IT相关的东西了。但如果阿冉是那种软脾气的人，也不会一门心思在编程上耗费这么多的心血了。他跟父母大吵一架，直到一向开明的爸爸放出狠话：“要是再这么执迷不悟下去，以后就不要进这个家门！”

其实他的爸爸也是站在阿冉的角度上为他考虑的。所谓知子莫若父，阿冉的优势到底在哪里作为父亲他怎么会不清楚？他们苦心孤诣地为他铺平了这么多的路，就是不希望看到阿冉浪费了一身的天赋。他几乎可以肯定，只要阿冉愿意在音乐这一块坚持下去，将来一定能够成功，而编程那种不靠谱的事情，一没有天赋，二没有人脉，只靠兴趣去学，等一身热血用完了，他还能坚持到什么时候呢？

但是阿冉不这么认为。在他看来，就算有父母手中的资源为自己在前面铺路，他有一身天赋却没有相应的兴趣，很难真正把这件事做好。音乐是需要灵感的，他连兴趣都没有，哪来的灵感？结果恐怕不止是他自己失望，他的父母也会失望。

当然，如果不知道自己真正想做的事情是什么，阿冉还是愿意将就的，但是现在，他有了明确的目标，所以不愿意再将就了。他可能在编程这一块的确没有天赋，比不上那些计算机天才，但是他相信，只要肯努力，也是可以做好的。

双方僵持不下，阿冉在家待不下去了，干脆远走美国深造。到了美国之后，阿冉算是彻底地摆脱了“少爷”一般的生活，一边努力上学申请奖学金，一边在唐人街找兼职。虽然生活拮据，但他再也没有向家人要钱，甚至不再联系，年少气盛的他当然不愿意在自己最狼狈的时候低头。他早就咬牙发誓，一定要在这一领域做出一番事业。

后来阿冉真的进了世界五百强公司做软件研发，成为了“程序猿”中的“战斗猿”，此时的他早已成熟，回到家中给爸妈道了歉，也终于得到了认同。虽然依旧遗憾阿冉没有进军音乐领域，但是对于父母来说，只要孩子过得好，那就知足了。之前对他的种种束缚，都只是为了让他飞得更高而已，而阿冉的现状也告诉了他们，有时候，不一定非得有引线才能让风筝飞得更高。

束缚阿冉的，不仅是父母殷切的希望，还有他自己的天赋。我们生活在一个固定的价值观里：一定要好好利用和发挥自己的天赋。于是在耳濡目染之下，很多时候我们直接将天赋当做了兴趣爱好，只要是你擅长做的，一定会是你喜欢的，但真的是这样吗？

大多数人都愿意这样"强颜欢笑"，就是怕自己在一个毫无天分的领域与那些天赋卓绝的人竞争，于是他们没有尝试便放弃了。至少在有天赋的行业，生存更容易一些。

而事实上，光有天赋而没有热情，早早地进入了毫无作为养老期，难道不是一种可悲吗？

挣脱束缚的风筝，一定会越飞越高；挣脱了束缚的人，也一定能够越走越远。是时候剪断挂在你脖子上的那根引线了，上面写着父母的期望，固有的价值观，你的天赋……有太多的东西牵扯着你，即使你本来就应该是翱翔九天的雄鹰，也会变成漫无目的随风飘荡的风筝，压垮你的从来不是你的能力，而是你背负着太多人的期望。好多时候，只有剪断它们，你才能够真正地飞起来。

相信你，可以找到属于自己的蓝天。

拯救你的不是王子，你也不是灰姑娘

前段时间看到一个段子，“如果水晶鞋真的有那么合脚的话，那么灰姑娘也不会把它掉了”。一群人大呼黑童话毁童年。想想其实挺有道理的，仙度瑞拉就像一个蹩脚的谎言，欺骗了无数少女暗生期待，以为只要保持着笨拙、木讷的本质，终究能够被王子看见那闪光的内心，分分钟走上人生巅峰。如果灰姑娘是在现代写的，估计跟霸道总裁之类的小白小说也没有什么区别了。

有个闺蜜在某高中当语文老师，有一次她就布置了一项作业，让大家将自己最想做的事情和近期最期待的事情写下来，然后过一段时间再还给他们，看看他们写下的愿望有没有实现。

交上来的纸条上写着各种各样的事情，但是因为是高三的学生，很多人都写下了自己想要考取的学校，当然也有说想要彩票中奖的。她还注意到，有个女生写：大家都排斥我，我成绩也不好，根本不想在学校待下去了，要是我的王子能够早一点来接我多好啊!

闺蜜特地注意了一下这个姑娘，她也突然间发现，如果不是这一次特别留意，平时几乎不会注意这样一个不起眼的女生，她好像故意将自己的存在感隐藏掉了，让人印象全无。

观察了一段时间之后，闺蜜发现这个女生的确不合群，在别人刷题的时候，她在看小说；在别人聚在一起聊天的时候，她还在看小说。但是她本人一点都不会因为不合群而难过，反而自得其乐，仿佛书中自有黄金屋，书中自有颜如玉。她的成绩处在中游，永远都是不温不火的样子，老师一般都关注最前面和最后面的同学，她这样被忽视了也属于正常情况。

但是很快闺蜜注意到更多情况，比如这个女生的优点很明显，写得一手好文章，英语成绩也不错。可能所有人都将她忽视还有一个原因，就是因为她实在太安静了，沉默寡言的性格让她如同空气一般被忽视。

闺蜜跟她谈话，问她为什么希望能够有个王子来拯救她。

女生沉默了一会儿，似乎知道老师没有什么恶意，也就将自己的想法说了出来："我家境一般，长得普通，成绩不好，除了王子，谁还能救得了我呢？所有人都是一样的吧，不想让自己活得太庸庸碌碌，尽管这种想法不切实际，但是也只有这种想法最契合实际了。至少，在小说里面不管女主怎么蠢，男主都会爱上她的。"

原来有时候我们抱着一些不切实际的想法，是因为对自己的能力不够信任。闺蜜告诉她：“其实你这么优秀，没必要将自己埋没成灰姑娘的。”看着女生惊讶的表情，她继续说；“你有自己的想法，也很有才华，只是当你寄希望于别人的时候，常常忽视自身的闪光点，甚至你并非不相信自己可以做得很好，只是有时候喜欢不自觉地往灰姑娘身上靠拢，才会觉得自己格外可怜。但是这个世界上哪有那么多的灰姑娘呢？至少，我知道，你不是。”

女生回去之后，虽然没有发生改头换面那种彻底的转变，但跟之前不一样了，她变得开朗多了，开始跟其他同学聊天了，有问题也会主动问同学老师了，虽然最终她只考上了一所普通大学，但是后来她在全国大学生英语竞赛中表现不俗。如今，她的写作天赋开始展现出来，获得了某著名杂志新人文学大赛第四名。

她打电话给我的闺蜜，说，当初如果不是老师及时提醒了她，她大概永远不会从灰姑娘的白日梦中醒过来，但是在那之后，她发现，除了等待王子的出现，人生还有许多种可能。她期待王子，只是因为当初的自己不够好，所以王子从未出现。而那时候的她没有想着解决问题，而一直在逃避问题，以为只要有一个王子，那就万事大吉了。可是很多时候求人不如求己，现在的她可以不需要心心念念一个王子，因为她可以挑选自己的骑士了。

只有灰姑娘会觉得自己的生活不幸福，因为她们沉浸在自怨自艾的不幸之中，忘记了与命运抗争，只好日复一日地以泪洗面，期待奇迹的出现。有时候等待一个奇迹，真的不如自己创造一个奇迹，就像之前的那个女生一样，她高中时代的同学，谁都没有想到，她竟然能够取得如此辉煌的成绩。但事实上，她具备这样的能力。

也有一些小读者写信给我，说特别希望能够成为小说中的女主角，普普通通的她们好想成为灰姑娘，能够得到王子的青睐。姑娘们的小心思总是很美好的，至少等以后回忆起来，会是一段青涩而动人的回忆。但是我总是有些扫兴地回复她们，一定不要将所有时间浪费在如何成为灰姑娘上，你总要试着去成为一个公主，或者是女王。

如果你是灰姑娘，你只能一辈子等待王子来拯救你，但是这个世界上可能会有很多灰姑娘，而王子的数量有限，也许终其一生，都难圆这个美梦。但如果你是公主，如果你是女王，你可以去选择属于自己的自由人生。

永远不要被灰姑娘的故事给骗了，要知道，其实你不必一直可怜巴巴地等待着别人的垂青，要知道，其实你本来可以做得更好的。等别人来拯救你，远不如做自己的救世主。

在爱幻想的年纪，霸道总裁、一夜成名等等的想法真的很正常，甚至我在青春期的时候，也曾想过，要是有一个万能的哆啦A梦该多好啊；没有哆啦A梦也可以啊，其实我爸妈一定是隐藏了身份的亿万富翁，故意要锻炼我，等我工作了就会把真相告诉我了。然而到最后，我也没能够继承到万贯家财。

是的，抱有美好的希望是一回事，但是脚踏实地又是另外一回事。因为我知道，与其一直抱着幻想终老，还不如先做好眼前的事情。不如自己拼一拼，能不能成为富翁不要紧，至少能够自食其力，不会成为自怨自艾的灰姑娘。

永远不要让自己的格局被灰姑娘的美好童话限制住，你明明可以拥有比灰姑娘更好的人生，为什么一定要将自己的翅膀隐藏起来？为什么一定要将自己掩盖在灰扑扑的衣裳下？明明，你可以拯救自己，明明，你会成为光芒万丈的公主。你不需要等待王子，你要做女王，做公主，自己挑选自己的心上人。

你可以是女王，可以是公主，也可以是王子，总之，不要成为灰姑娘就好。

我就是我，是颜色不一样的烟火

女孩子的烦恼总会比男孩子多一些，她们细腻敏感，纵使笑容灿烂假装毫不在意，也依旧会反复地照着镜子，触摸脸上刚刚长出的那颗痘痘，粉饰刚刚被晒黑了一层的皮肤，烦恼着衣柜里不合时宜的衣服。

男孩们是无法理解女孩子这样小心翼翼的心情的，更不会理解，为什么她们会把“胖”当做人生的第一大敌人。

俗话说：“一白遮百丑，一胖毁所有”，在很多人眼里，胖胖的男生会给人踏实的感觉，但是胖胖的女生却显得过分笨拙了，也难怪女孩们对“胖”这个字避之唯恐不及了。但是在我身边，甚至我想在每个人的身边，也总有那么几个胖女孩。

小音是我高中室友，成绩中游，木讷少言，长相普通，常年待在自己的世界里，平时并不容易注意到她。只有跟她相处久了之后才会知道，她是一个内心柔软善良的姑娘。其实小音开始并没有在乎过这个问题，直到有一天，男生们开玩笑说她是个柔软的胖子，同时夹带了一些不好的言论，让小音的情绪在一时之间爆发了。

她跟那些道闲话的男生打了一架，从教务处回来之后便一言不发，甚至连朋友叫她一起去吃饭都回绝了。小音的存在感一向不强，直到有一天她晕倒在教室，我们才知道她已经有好几天没有吃饭了，饿的时候就喝水，偶尔会吃一些水果。但是高中课业繁忙，只吃那么一点怎么可能扛得住呢？她的体重没有下去多少，人却憔悴了许多。

后来小音转学之后，我就再没有见过她了。只是依旧会觉得遗憾，遗憾一个正值花季的姑娘，会因为胖做出这么大的牺牲；也觉得后悔，也许当初如果我们能够展现出更多的善意，是不是会有不一样的结局？

我不知道现在小音的生活如何，也不知道她是否已经渡过了这道坎儿，倘若她依旧没有变瘦，我更希望的是她能够接受现在的自己。

认识小雨是在大学时候的事情了。虽然她叫小雨，一个听起来有些文雅娇俏的名字，但是长得却有些壮实。新闻部与外联部联谊的时候，我一眼就看到了不跟周围的人搭讪一心吃饭的她，大约女孩们吃饭都会有些忌讳，不敢太过于放浪形骸，于是看到她的第一眼，就觉得有趣，深有同道之人的感慨。

而与小雨熟识了之后，更是明白，她根本不是那种自暴自弃的姑娘，那时候专心致志地吃饭，也只是为了不辜负美食，而不是为人孤僻。事实上，她爽朗大方，乐于助人，实在是一个难得的朋友。拉近我跟她关系的就是各种各样的美食了，虽然到昆明的时间都只有一年，但是她在这方面的造诣却在我之上，甚至要超出许多。

因为关系好了，我就直接问她："好像很多胖女孩都不敢多吃，吃什么都要先计算一下热量，我怎么没有在你身上看到这样的迹象呢？"

她小小地文艺了一把："唯爱与美食不可辜负。就算是想过减肥，也没能摆脱爱吃的毛病，后来我觉得这样也挺好的。"的确是挺好的，她并没有因为这个毛病自暴自弃。

小雨告诉我她曾经的一段减肥经历。其实那些眼神落在身上的时候谁都不会觉得好受的，所以她看了各种各样的广告之后，买了一些减肥茶来尝尝，结果在厕所里待了三天，大彻大悟：她根本就不是那块料。

与减肥相比，与别人的眼神相比，与他人的流言蜚语相比，小雨终于找到了更重要的东西：活出自己。她卸下了一直压着她的负担，甚至觉得没有哪一天的食物，比她突然醒悟过来的那顿饭更好吃了，因为那个时候的她，终于可以不必如芒在背了。她大声地笑，大块地吃，将人生演绎得酣畅淋漓。

我见过许多因为胖而自卑而气馁而沮丧的姑娘，但是小雨这种类型的，我第一个见的就是她。也因为见到了她，才会明白原来人生还有这么多选择，与其否定，不如接受。

近些年大火的英剧《肥瑞的疯狂日记》讲述的就是一个身高与体重几乎持平的胖女孩的故事，她也是自卑，各种各样的流言蜚语几乎将她折磨成了神经病，羡慕又嫉妒地陪在有着魔鬼身材的闺蜜身边，但是就是这样一个带着虚弱感的女孩，却获得了她的男神与男闺蜜等人的青睐。或许你要吐槽这是一部恶俗的玛丽苏剧，但不可否认的是，它在各大网站获得超高评分。

其实仔细一想，就会明白其中的缘由，当你看进去之后就会发现，原来胖女孩也可以这么萌。她会唱歌，有自己独特的音乐见解；她有时候会有些小矫情，但是更多时候她却会爽快热血，让人讨厌不起来。她永远都减不了肥，不能完成从一个丑女到美眉的完美逆袭，但是依旧会有人爱她并不完美的样子。

也许你不胖，但还是会有其他各种各样的毛病，比如笑起来的时候会露出不整齐的牙齿，比如怎么打理都没有广告中的一头秀发，比如脸上总是不自觉地冒出痘痘，甚至连著名影星都抱怨过自己不够性感。但是也许正是这些缺憾，造就了现在的你，倘若不能靠脸吃饭，你还可以靠才华。

你还是那个有缺憾的你，甚至有时候天生如此，很难取长补短，但是你依然与众不同。

或许你会羡慕“别人家的孩子”，或许你心心念念想成为影视剧中的某个人，但是成为别人太累，戴着面具生活会很疲惫。纵使你将别人模仿得惟妙惟肖，却也不能成为对方，至多变成第二个别人。既然别人的生活已经有他来过，为什么一定要去争抢那个并不美好的位置呢？相信我，只有你，才能活成最漂亮的自己。

我就是我，是颜色不一样的烟火。难怪现在各行各业都很害怕自己成为对方的复制品，不仅仅是因为抄袭，还因为从此都无法再超越了。只有活出自己，才有无限可能。

我就是我，是颜色不一样的烟火。——张国荣·《我》

我所说的拼命，是指不顾一切地活着

最近朋友Coco忙得脚不沾地，她是公司宣传部的人，而她们公司最近发生了公关危机，为了补救公司形象真是耗尽了心血。

Y是Coco公司刚刚入职的员工，平时看起来有些腼腆的一个姑娘，穿着打扮很不入流，不懂得经营自己的门面，说得刻薄一点，浑身上下散发着浓郁的乡土气息。他们公司跟一些跨国企业也有合作，所以对形象要求很高，同事们好心提醒Y，注意个人形象，以免被领导骂。

大家的确都是出于好意，但是Y却一点不领情，不但没有半点感激，反而泪意盈盈的样子，好像受了多大的委屈一样。同事们提醒她当然不是为了收获Y的感激，但是看到她这副样子，心中也是咯噔一声，觉得这个姑娘可能听不进去劝，如果说得太多反而会给自己招惹麻烦。一来二去地，他们也就由她去了。

Coco是宣传部的，虽然跟Y不在一个部门，但是她往各个部门跑的时间也多，加上她本人性格开朗，基本上跟谁都能打成一片。虽然Y的性格让人觉得有些不耐烦，但她比别人更有耐心，所以跟Y还能聊得来。

自从Coco认识Y以来，就没有从她嘴里听过正能量的事情，满满的负能量："我家在山沟沟里面，因为是女孩子，家里也不是很重视，好不容易拿到了这么一份工作，但是工资大部分都是要交给家里的，我还有一个弟弟，很早就退学了，现在就在社会上混。我也知道穿成这个样子不太好，有点儿丢人，但我也不愿意啊，他们都看不起我，但是谁想过我的生活条件呢？"

Coco不知道该怎么回答她，在Coco看来，Y已经具备独立生活的能力了，完全没有必要为了别人牺牲自己的基本生活需要。不是说孝顺不对，而是什么事情都要有个度，而这个度就是Y自己心中的尺度。公司没有克扣她的工资，只是她不舍得拿钱买一身得体的衣服，这不是别人找茬，而是自己跟自己过不去。

出于对朋友的负责，虽然这些话可能会得罪人，但Coco还是说了出来："你的确挺不容易的，但不是每个人都能够理解你，别人也没有义务来了解你，你也知道，同事之间都是面子上的交情。你没必要将自己的寒酸表现出来，大家看重的是你的工作能力，而不是出于同情而跟你共事。在我看来，你不是真的没钱去改头换面，只是因为你觉得这么做可以给自己博得不少同情而已。但是很多时候，委屈是不需要给别人看的，你只需要活得更加精彩。现在的职场早就不相信眼泪了，俗话说得好，可怜之人必有可恨之处。我知道话有些难听，但作为朋友，我还是想跟你讲清楚，我的意思也代表了大部分人。”

过了一段时间，Y似乎改变了不少，Coco挺为她高兴的，以为她听进去了自己的话。但没过两天，就传出她跟上司大吵大闹，差点打起来，让好多人看了热闹。据说Y故意想要让其他公司看笑话，特地把事情闹了出去，甚至有好事者还拍了视频，最精彩的部分就是Y吵吵嚷嚷着要从15楼跳下去，还是上司给她拦住了。

为了不让事件继续发酵，Coco跟另一个同事都做了不少工作。好不容易消停下来，就传来了已经离职了的Y的一些八卦。据说Y离开的时候很不甘心，甚至有些埋怨Coco以及其他帮助过她的人，因为听过她那祥林嫂一般的怨念之后，大家给她的建议都差不多：拼不成爹，你还可以拼上自己的命。或许是她错误的理解了这句话的意思，Y真的去跟上司拼命了，结果最后却将所有责任归咎于其他人。

Y的离开让同事们齐齐地松了一口气，觉得好不容易送走了一尊大佛，就算以后再做出什么傻事来，也跟他们扯不上关系了。

事情结束之后Coco跟我们抱怨：“当初要知道她真的会找人‘拼命’我肯定选择闭嘴，知道她后来还怨我的时候，我心里就觉得跑过了千万只羊驼。她的情商是被吃了吗？我们说的拼命，都是奋斗的意思啊，真的不是找人干一架！”

人生在世，一定要拼一把，用尽一身力气去拼命，就算最后输了，你也不会后悔。但是我所说的“拼命”，从来都是指不竭尽全力地活着。只有活着，才有无数种可能；只有活着，才可以有命去拼。

有时候人生艰难，有很多事情阻止了我们前进的脚步，有很多障碍扰乱了我们的视线，你可以很努力很认真地走过它，但是这个世界上还没有什么事情，值得你付出宝贵的生命。至少在这个和平的时代，不需要你去舍身炸碉堡，不需要你去用生命的鲜血染红国旗。

经常能够看到一些新闻，年轻男女因为压力太大自杀身亡，为了讨回自己的利益选择了轻生。可能在他们死后，很多事情能够得到改善，但是他们却再也没有机会享受了。不知道应该感谢他们的奉献精神呢，还是应该为他们感到不值。很多事情明明还有多种途径可以选择，为什么一定要选择最极端的一种？看似大义凛然，其实是最不明智的行为了。

除了拿自己的生命去赌，其实还有很多路可以走的。人的一生会遇到许许多多可能永远都跨不过去的坎儿，你不可能每次都拿自己的生命去威胁："让我过去，不然我就死给你看。"要知道，拿命去拼，跟拿命去赌，是有质区别的，前者需要将生命死死地攥在手心，才能给你提供后续动力，但是后者就跟买彩票一样，随时都有献身的危险。

值得你用生命去打拼的是你的人生，而不是一件事，你付出了很多心血之后，可能这件事依旧没能够为你敞开大门，难道真的要在这道大门前一头撞死来明志吗？没有必要的，你可以换一条路，你可以绕一道弯，谁都不知道，在另外一条路上会不会有更好的风景，谁都不知道你会不会柳暗花明又一村。别在一件小事上拧巴了，留下你珍贵的生命，去拼另外一条路吧，你面前呈现的，是更加美好的风景。

拼搏到无能为力，坚持到感动自己。

PART3

你要相信，总有一个未来属于你

人生四季，难免会遇到寒冬，有的人靠外界的力量救赎自己，但是正如《肖申克的救赎》中所说："只有强者才能自救，只有伟人才能救人。"

改变，永远都不会太晚

从小，我们听到的就是这样一句话：不能输在起跑线上。

有一个同步的起点已经成为了成功的关键词，仿佛只要你晚了一点，就注定是一个LOSER了。同时应运而生了不少朗朗上口的词语，比如“出名要趁早”。

如果你等到二三十岁了才升起想要走明星路线的念头，即便是有足够英俊的脸蛋或是魔鬼般火辣的身材，也不免被人讽刺：“出名要趁早。现在才开始想要走这条路，会不会太晚了？要知道，很多明星都是从小就开始往这个方向培养的。等到你这个年纪的时候，名气早就如日中天了。而等你出名的话，都要七老八十了吧？”

虽然是有些夸张了，不过倒也符合中国国情。这是一个不看好后发制人的时代，人们争先恐后地争夺先机，就是担心落在后面的话，会失去优势资源。后来者总是处于不利地位的。

表妹浅浅，正在某高校读大二，本来依从家里的安排选择了金融管理专业，但是不知从何时开始，她就立场坚定地表示要换专业，她的兴趣是语言文学，所以不用说也知道，她想转去的就是外人眼中的一些所谓的鸡肋专业。

浅浅一直是个听话的孩子，否则一开始也不会听从父母选了自己压根不了解、也不感兴趣的专业，这是她第一次跟父母产生这么大的分歧。跟家里吵了几架之后，浅浅躲到我这儿来透透气："我知道爸妈是为我好，以后找工作更容易，但是现在的专业我是真的不想学了，继续下去只有痛苦。为什么就不能找一个自己喜欢又能够学到东西的专业呢？"

她的脸上写满了矛盾，一边是爸妈的精心安排，一边是自己做出的选择。其实浅浅心里也很害怕，害怕像父母说的那样，换了专业却还是朝秦暮楚，没有一个定性，最终耽误了自己。

这是每个人面对改变时最正常不过的心理历程，这也是一个人最需要别人支持的时候，可是父母的不支持到底还是让浅浅有些忍不住想要退缩了。

阿姨也给我打电话，跟我大倒苦水："其实我们也不是那种专制独裁的父母，我们不同意也是为了她好啊！现在她都大二了，从金融换到人文，她还能跟得上那些专业课吗？如果跟不上的话，还不是会更痛苦。现在的小孩子做事情就是冲动，但是她不考虑这些事情，我们总要给她考虑好的。”

改变面临着许多未知，原本一目了然的未来有可能变为扑朔迷离的谜团，这让向来爱操心的父母如何放心得下？更重要的是，以浅浅为代表，一旦放弃，选择改变，意味着失掉了当下的大好局面，意味着无法跟其他人站在同一起跑线上。这对许多人来说，都是一场不愿去经历的噩梦。

“坚持到底就是胜利。”在两难的局面里，很多人都喜欢用这样的话激励自己，但痛不欲生的同时，也觉得前路渺茫，看不见尽头。于是会有不少人因此而失望，不少人因此而堕落。甚至从某种程度来说，他们所坚持的，未必是正确的路，却因为这样无意义的坚持，成为了他们真正失败的原因。

浅浅最终还是依从了自己的心愿，并说服了父母换了专业。一段时间之后再见浅浅，感觉她整个人都精神了许多。她告诉我，虽然已经读大二了，专业课之类的补起来是累了一些，但因为是自己感兴趣的事情，她照旧乐此不彼。甚至因为表现出色，观点独到，不少教授都愿意在课下的时候跟她交流。这是她在学金融的时候，从来都没有过的待遇。

“原来很多事情，真的是不用坚持到底的，也不需要你去撞南墙再考虑要不要回头。如果有了更好的选择，不必过多考虑别人，听从内心的声音，能改变的，就要选择改变，你察觉到的时候，一定就不晚。反倒是犹豫不决，才会让你错过真正的机会，让你今后后悔。”浅浅笑着说出了自己的感悟。

看到她的转变，我是非常乐见其成的。正如她说的那样，这个世界上有很多人都是抱着“不撞南墙不回头”甚至是“撞了南墙都不回头”的心态做事的，认为人生在世，就是需要这样一股“执着劲儿”。

其实我也不是在诟病坚持的理念，事实上，许多事情，倘若没有“坚持”两字是绝对无法成功的。我所批判的执着，是一味向前冲的勇猛，忘记带上自己的理智，明明知道有更好的选择，却还是相信“坚持就是胜利”这一碗过时的鸡汤，结果什么事情都泡汤了，岂不是可惜？

而有时候所谓的执着，只不过是一个人懦弱的借口。因为觉得改变是一件充满了风险的事情，不如坚持到底来得稳妥，于是抱着破罐子破摔，日子也不会再差下去的心态将时光将就了下去。殊不知，人是最不能将就的，一旦将就，就成了平庸。

想必大家都听过一个耳熟能详的故事：师旷论学。暮年时候的晋平公深知自己需要充充电，却有些犹豫，老年好学看起来就像是一场作秀，学不到什么东西，还浪费时间。但是师旷回答说：“老年好学，就如同烛火一样，虽然有些微弱，但生命力照样旺盛。”想来，很多成人大学、老年大学的办学理念就是源自于此了。或许这样的改变依旧不会有太大的作用，但至少，它的确起到了作用。

人是需要学会做出选择的，在该坚持的时候坚持，但是在需要改变的时候，不妨迈出自己的步子，做出应有的改变。不要害怕改变得太晚，不符合“笨鸟先飞”的世界观，跟别人比起点，显然不是一个明智的选择，当你发现前路不通时，换一条路，哪怕落下别人许多，至少于你而言，前路通畅，至少还有追赶上他人的可能。

人生在世，谁都会有走错路的时候。我们被“人生只有这样一条路可走，一旦选择了就没有回头路”这样的说法洗脑了很久，也是时候回到正轨，告诉自己，其实人生真的还有许多种选择，如果你一不小心走错了，还是有改道的可能的。给别人留一个机会，也给自己留一个机会，甚至如果你不尝试去走一些不同的路，你永远都不知道，原来自己身上竟然还有这么强大的能量。

改变，永远不会太晚，前提是你要拿出改变的勇气。就像三毛在《送你一匹马》中写的：“世上的事，只要肯用心去学，没有一件是太晚的。”

那个一直在阻碍你成长的人，就是自己

一部火爆全球的印度片《三傻大闹宝莱坞》中，讲述了这样一个故事：在皇家工程学院里，主人公兰彻特立独行，不仅公然顶撞校长，还鼓动小伙伴法兰与拉杜勇敢追寻理想，不要在意世俗的目光。

兰彻告诉一直热爱摄影但因为家庭原因不得不读工程学院的法兰："放弃工程学，追随摄影吧！紧跟你的天赋。如果迈克尔·杰克逊的爸爸硬逼他成为拳击手，拳王阿里的爸爸非要他去唱歌……想想后果多恐怖！"

还有一直因为害怕挂科而一直求神拜佛的拉杜，"因为你是懦夫，害怕未来，看看这个，戒指比手指头还多。为姐姐嫁妆戴，为工作戴……你这么害怕明天，怎么能过好今天？又怎么能专注于学业？你有两个怪兄弟，一个害怕，一个虚伪……"

影片的最后，拉杜因为被劝退而走了极端：从校长办公室跳了下去。所幸在抢救之后，他活了下来，只是不得不坐在轮椅上去参加工作面试。这一次，他终于收获了自信，将手上的“幸运戒指”全都摘掉，面对考官的咄咄逼人，他侃侃而谈，在最后的考验中，他说：“断了两条腿，才让我真正站起来，好不容易获得了这种态度，我不会改变的。你们留着这份工作吧，而我保留我的态度。”也因为这种坚持与自信，让他成功地获得了这份工作。

拉杜一生坎坷，自身原因占了很大因素，他人生中最大的敌人，就是他自己。生活的压力太大，让他对人生充满了怀疑，“我一定做不到的吧！”“我怎么可能做到这么伟大的事情呢？”“我本来就是这样一个怂人，得到这样的结果想来也是理所当然的吧。”

因为这些如影随形的疑问，拉杜只能去寻求神佛的帮助，以为只要有神灵护佑，就能够万事如意。后来他摘掉了手中的戒指，也摘掉了一直束缚在他心中的恐惧，摘掉了一直束缚在脑袋上的紧箍咒。他当然不蠢，只要将这些担忧甩在身后，还有什么做不到的事情呢？

一切问题的根源，都在拉杜自己身上。

跳出电影，现实生活中，比拉杜更极端的例子比比皆是，尤其是在应试教育的今天，大考小考之前都要拜拜考神，传一点运气，或者是往庙里的水池丢进几个硬币，仿佛通过这种方式就能得到好运。当然，这也不是迷信，只是为了求一种心安罢了。

不过，让你心安的原因不是自己，而是那些虚无缥缈的东西，这不就是一种心虚吗？在高考前夕父母们为孩子去寺庙里求一炷状元香，给他们带上各种各样的平安符，虽然是对子女的一种关爱，但何尝不是一种可笑可悲的现象呢？

小时候经常听父母、老师训话："你怎么这么蠢？这么简单的卷子考这么一点分，不说你给我考多少分的成绩出来，至少也要一个及格吧？怎么不跟XXX学学？"

这或许只是他们的一句无心之言，但是说者无意，听者有心，孩子们对自己的定位就变成了"蠢""及格"，当他们将自己束缚在这样的格局里，想要求他们突破，又谈何容易？外人如何评价你并不是最重要的，但是如果你在心里为自己设限，冥冥之中已经有一个圈子禁锢了你的前路，想要再突破，想要再超越，其难度不亚于浴火重生。

好多电影电视剧都喜欢将一个人的另外一个人格当做反派，只有当主角战胜了自己的另外一个人格，才算是真正的圆满。其实不是没有道理的，另外一个自己跟你一样优秀，却又在精神上不停地影响你，只有战胜他，才能真正地成为最好的自己。

热播动漫《死神》中就有这样一个设定，主角黑崎一护热血正直，但是他的另外一个人格却非常黑暗与邪恶，他在逐渐成长，能够战胜许许多多的人，但是另外一个人格却如影随形，当他变得强大，另外一个他也会变得更加强大，不停地影响他使他黑化，如果他不能战胜这个人格，那么之前的成功也只是虚妄，转瞬即逝，而窃取这胜利果实的，正是他自己。只有打败了他自己，一场战役才算是真正的结束。

当然，在类似的影视作品中，我们的第二人格都是被夸张化了。现实生活中的我们或许不会有这么严重的第二人格，最多不过是在我们想要勇敢的时候突然变得胆怯，想要前进的时候突然变得畏首畏尾起来，或许我们可以用粉饰的说法称之为“理智”，但谁都知道，那更像是一种懦弱，阻止着我们的成长。

美国著名作家海明威说：“真正的高贵不是优于别人，而是优于过去的自己。”

如果一心想要跟别人攀比，你永远不知道成功的定义在哪里，当你成为百万富翁，你会发现前面有个千万富翁等着你；当你成为千万富翁，你会发现前面还有亿万富翁……这样的路，遥遥无期没有尽头，没有一个准确的定位，你就像是漂浮在海面上的一艘小舟，飘渺无依，很容易让人产生一种颓丧感。只有在跟自己做比较的时候，你才会明白，你真正收获的是什么，你真正赢得了什么。

战胜别人永远不能算是真正的胜利，唯有战胜自己，才算赢得了这场战役！

我们经常能够听到这样的抱怨：“如果没有XXX，如果不是因为XXX，现在我就不会在这里了，我肯定能够生活得更好，说不定当上XXX，开豪车，住别墅。”

能够让他们抱怨的事情太多，以至于他们常常忽略了自己——真正让他们一无所成的原因，做出决定的是他们自己，能够行动的也是他们自己，当然，的确有人容易被外界影响，但是之所以受到影响，难道不也是因为他们的心智不够坚定吗？如果真要算清这笔烂账，最后还是能够将矛头指回自己身上。

没有人能够决定你的人生，一切掌握在自己手中，当抱怨无济于事时，不妨反省：到底是什么阻碍了你的成长？我想，那个人不是你的父母，不是你的老师，不是你的朋友，不是你的上司，也不是你的同事，这个世界上只有一个人是你真正的敌人，那就是你自己。

战胜自己，优于别人。

没有为梦想拼过，枉负了青春

距离《中国合伙人》大火已经过去了挺长时间，但是直到现在还记得一句经典台词：“梦想，就是一种让你感到坚持和幸福的东西。”很多人的小学作文，都是从梦想开始的，那时候他们还不会用太多修饰的辞藻，甚至不会写苍劲的字体，只有一颗赤诚的心，在日记本上写着自己的憧憬。

但是不知道从何时开始，谈梦想成了一件很可笑也很奢侈的事情。当普通人谈论梦想的时候，总会遭到外界的嘲笑：“都什么年代了，还这么没追求！”“梦想能当饭吃吗？”

这样的大环境不是一蹴而就的，而是在长时间价值观的淘洗下，人们逐渐地被潜移默化了。曾经有一个梦想是一件很美妙的事情，但是在一个物质化的社会里，人们的价值观都是用房子车子票子来衡量的，而轻如鸿毛的梦想，就成了大家嗤之以鼻的对象。被嘲笑得多了，人们也不敢随口将“梦想”这个词挂在嘴上了，只好让它埋葬在时光无尽的烟尘里，然后在梦想的继承者出现时，毫不留情地贬低他们，仿佛能够通过这种方式来拉高自己的价值。

于是长辈们谆谆教育自己的孩子：“没钱之前，不要谈梦想。”当年轻的一代人将这句话奉为金科玉律，从此束手束脚地生活，提前被庸碌压弯了脊背，沧桑了双眼，二十多岁的青年看起来都如同中年人一般沧桑，这是多么可悲的事情啊！

很喜欢看罗永浩的演讲，那种把什么事情都看得很开却一直在追梦的理念，总是能够在某个瞬间触动我。

在罗永浩读高中的时候，也是一个很有个性的孩子，当然，你也可以将这种“个性”视为青春期的叛逆。他说起以前写作文的时候，别人都写“五星红旗迎风飘扬”，只有他写“校园里没有风，五星红旗无力地耷拉在旗杆上”，他觉得自己写的是事实，没有什么错的地方，结果遭到老师当众点名批评：“这就是一种哗众取宠！”

同学们笑成一团，但罗永浩却举起了手说：“老师，我的作文只交给你一个人看，怎么能叫做哗众取宠呢？是你将作文念出来的，就算是哗众取宠，也应该是你吧？”当然，这样的抗议，最后是以请家长告终的。

罗永浩没能熬到高中毕业，在高二的时候就退学了，他说：“在我不擅长的领域和我不感兴趣的事情上，我是很难做到死磕的，因为我知道死磕了也未必会有一个好的结局，没有前进的动力，不如留下这样的精力去做自己喜欢的事情吧。”

他开始自学英语，准备考托福雅思，所有背过单词的人都知道，这是一个很痛苦的过程，就像和尚念经一样，聒噪得让人分分钟想要拿起屠刀，远离佛道。虽然他挺喜欢英语，想要出国，却也同样觉得背单词是一个很痛苦的过程。

放弃吗？不，在该放弃的时候放弃，在该坚持的时候坚持，只有这样，才不会做那些迂腐的事情；只有这样，才不会看到一个梦想半途而废。在背得最痛苦的时候，罗永浩就去看看心灵鸡汤，然后浑身热血，继续背，又开始有情绪了，就再看鸡汤……如此反复，雅思托福的高分不是他的终点，去国外留学也不是他的终点，在新东方当老师也不是他的终点，他开了自己的培训班，办起自己的网站，去各大高校做演讲，谁都不知道他的终点在哪里，因为他还没有停止拼搏。

你可以很忌讳谈起“梦想”这个词，但是你不能没有它。不是说只要你去搏一把就一定能赢，但如果没有为梦想拼过，你连输的资格都没有，青春的热血像死灰一样熄灭，当你走到人生尽头，恐怕会因为年老的提前降临而悲哀心死。

阿炳是我小时候的玩伴，在大人眼里，他就是个顽劣不堪、无药可救的孩子。十来岁的时候，阿炳就敢骑着爸爸的摩托车在整个小城里乱逛，差点被他爸爸拿着鸡毛掸子从城东追到城西。虽然小时候的关系较好，但我逐渐发展成为“三好学生”中的一个，他也逐渐跟我拉开了距离，甚至连他中学没读完就跟着爸爸去沿海城市做生意，我也没有很在意。

后来回老家的时候，一个满脸沧桑的男人笑着说要请我吃饭，我才从他熟悉的调调里找到阿炳的痕迹。他做生意并不顺利，因为太年轻，被人坑了两把，不过这样一来，倒也积累了不少经验，干脆回来继承父亲的产业。

我觉得阿炳应该挺后悔的，如果他与其他人一样选择一条平凡之路，或许不用活得这么辛苦，反正家里的产业也是他的。

似乎看出了我心中所想，阿炳突然说："很多人都说我走错了路，如果我愿意好好学习的话，说不定这条路会更顺遂一些。但是我只后悔那些决策失误，却从来没有后悔选择创业这条路。我爸留给我的东西，跟我自己去闯，终究是不一样的。"

看着他沧桑的脸庞，我哑口无言，一个庸庸碌碌的人，是没有资格对一个为梦想拼尽全力的人指手画脚的。顺着太过安稳的路子走下来，虽然该收获的时候一样会有鲜花和掌声，但是最初的梦想早就遗忘在了脑后，我还是会想要追求一些东西，但这种追求却跟阿炳有很大不同，他最大的动力是梦想，是过自己想要的生活，而我呢，驱使我的却是一直以来的惯性，是一种在生活重压之下的无奈与妥协。

阿炳坐在烧烤店里干了一瓶啤酒，毫无顾忌地大笑，这种旁若无人的大笑在我看来是一种历经沧桑后的洒脱。人们太在意别人的目光，以至于忽视了自己的本心。

"有时候输得很惨，至少以后老了跟孩子们吹牛的时候有资本了，当年他们爷爷也是这么牛的一个人，如果不是因为一些意外，说不定早就成为商界巨贾了。”

我知道，阿炳说的不后悔，是真的不后悔。在为梦想拼搏的路上，本来就是输赢不定，在他踏上这条路的时候，早就做好了血本无归的准备，但即便输得惨烈，他依旧收获了无怨无悔的青春。正如阿炳自己说的，不轰轰烈烈地拼一场，怎么能叫做青春呢？

好多时候我们都被中庸的处世之道荼毒太深，以至于说起“梦想”这个词的时候，脚步不由自主地往回缩了几分，但是就算你怕，又能怕什么呢？是怕别人的嘲讽，怕父母的不解，还是怕输个精光？你本来就一无所有，还怕失去什么呢？

不，你不会输，反而会赢得比任何人都要精彩，因为你的青春与众不同！

所有为梦想拼搏的故事，只会属于你，在未来的某一刻，一定会让你感到骄傲。

莫等闲，白了少年头、空悲切。不要在你最有热血的时候，成为了暮年时最爱审时度势、斤斤计较的人。

迷茫时，坚定地对自己说：当时的梦想，我还记得。——宫崎骏

做自己的小太阳，照亮未来的每一刻

哪怕灌下了无数碗鸡汤，人们在耳濡目染之下，依旧会觉得这是一个“看脸”的社会，这是一个“拼爹”的时代，一个人如果没有身份背景，才华又不是那种惊天地泣鬼神，想要成功那更像是在痴人说梦。但这个世界上，的确就有这样的“傻子”，明知道前路渺茫，就算撞了南墙也不回头。

佳音是我在北漂的时候认识的第一个朋友，当然，也是第一个室友。刚到北京，兜里的钱怎么捂都热不了，不敢托大，到底跟人合租在了四环外的小区里，两室一厅，空间逼仄，没来由地就让人觉得压抑。在搬进小区的第一天我就暗暗发誓，一定要在帝都闯出一片天地来，这里，也是迟早要搬出去的。

刚刚到楼下，就看到一个姑娘热情地招呼我，要帮我把行李搬上去。住的是六楼，小区里没有电梯。我奇怪地看着她，不知道她是何方神圣，在当时的我看来，莫名其妙地对一个陌生人表现出极大的热情，不是有病呢就是另有所图。

她也注意到了我警惕的眼神，赶紧解释："你听不出来我的声音吗？我就是跟你谈合租的人啊！行李挺重的吧，我帮你一起扛吧！"她说的要帮我，不是像别的姑娘一样简单地客气一句，而是不由分说地分担了我一半的东西，帮我扛上了六楼。

这个憨直的姑娘，就是我们故事的主角佳音。不过我所得出的上面的结论也没有什么错，像佳音耿直的人在忙忙碌碌的大都市毕竟不多。

成为室友之后，我对她的一根筋也有了更深层次的认识。比如她现在正在从事画画行业，众所周知的是，除了站在金字塔顶端的那几个人，大多数人玩艺术，穷一生。而那时候的她，也的确已经窘迫到了一定程度，能不出门就不出门，因为地铁卡已经没钱充值了，一天吃两顿饭，口味倒是经常能够得到改善：这一餐吃老坛酸菜牛肉味的，下一顿吃山西老陈醋味的。我不知道她天天吃泡面吃吐了几次，但至少我每天回来闻到泡面味就恶心。可是就在这种状态下，她还能够元气满满地每天照着镜子大声喊："我一定会成功的！这里，是离梦想最近的地方。"

对于佳音的生活方式，我是非常不能理解的。也许是看过了太多梦想破碎的故事，所以我一直对无所顾忌地追求梦想的方式持保守态度：人总是要在梦想跟现实之间找一个平衡点的，兼顾现实跟梦想才是最聪明的生活方式。当一个人的梦想不足以支撑生活的时候，为什么不愿意低头去理一理已经变成一团糟的生活呢？

甚至很多时候，我都不知道她身上乐天派的勇气是从哪里来的。在我刚刚入住那会儿，对小区的不喜欢直接写在了脸上，她安慰我："放心吧，住在这里能够让人收获好运的。我已经经历过十几任室友了，后来她们都搬到了更好的地方，相信你也会的。"

"……"

我不知道用什么话或者是表情回应她，事实上内心却在吐槽：为什么她们都走了，只有你一个人还这么顽固地留在这里呢？一个人如果想要脚踏实地地干事，总不至于负担不起自己的生活。

不过生活方式不同，我跟佳音倒是成为了好朋友，因为她本人不难相处，除了有些异想天开之外，总能给人带来许多正能量，在北京这样一个压力极大的城市来说，跟她聊天的确是一个不错的减压方式。

佳音有一个微博账号，叫做"我每天画一幅画"，每天都会在微博上发今天画的画，然后配一些励志的段子。互粉了之后，她还想让我帮她转一转微博来拉动人气，只是我觉得逼格不够高，就婉言拒绝了。不过她也不勉强，继续画她的画，发她的微博。

我一直觉得微博爆红的时代已经过去了，不停地发图和励志的段子根本吸引不了多少人来围观，甚至比不上自拍营销的方式。我曾经开玩笑似的跟她说："想要你的画出名，最好的方式就是让你自己先出名了，比如把你画的那些废稿一起弄到天安门广场上去烧了，会被抓进去关几天，但绝对会一举成名，关注度高了，就不用担心画卖不出去了。"

她会因为我的一两个冷笑话捧腹大笑，完全听不出我话中的讽刺。但是出人意料的是，她的微博粉丝渐渐多了起来，不停地给她点赞留言，说一些鼓励的话。

我没有在那个小区住太长时间，如我当初所愿一样搬了出去，她有些不舍，但还是一脸祝福："你看，我说得没错吧，这里就是能够给人带来好运的，希望你继续一路顺遂啊!"

跟她的关系发展得不错，我也终于敢将心里的吐槽说出来了:"如果你换一种生活方式的话，你也能很快从这里搬出去的。"

佳音笑了笑，没有直接回答我，但是我可以从这些日子的朝夕相处中读懂她的意思：这就是她想要的生活，既然没有嫌弃，就更应该继续追求，做自己想做的事情。佳音就是这样的人，随遇而安，但是她为梦想那种满腔热血不愿放弃的精神，在这个日渐现实的社会里，已经很难再见到了。

我在北京的时间也不算很久，但后来还是会跟佳音有一些联系，有时候遇到不顺心的事情，也会跟她抱怨一番，她总是笑嘻嘻地听了，然后从种种的不好中找出一些好处来分析给我听，而我也经常从她那里听到各种各样的喜讯：她的画越来越好了，微博粉丝也越来越多，有人称她为正能量女神，有个画廊通过微博联系上了她……

我知道她不是在故意炫耀，只是习惯使然让她报喜不报忧，就像她还是住在那个小出租屋里，室友换了一任又一任……我不需要去安慰她，因为我知道，她的心中有光芒，她是自己的小太阳，即使生活再冷，她也能给自己补充能量，此时，外界的影响就会显得渺小了。与其同情，不如祝福。这是我跟她相处了这么久之后的经验。

人生四季，难免会遇到寒冬，有的人靠外界的力量救赎自己，但是正如《肖申克的救赎》中所说："只有强者才能自救，只有伟人才能救人。"当凛冬降临，外界的温暖显然少之又少，如果你的内心没有光芒，怎么能够成为那个自救的人呢？也只有像佳音那种一身正能量的人，才能够救己与救人了吧？毕竟无论前路如何坎坷，她心中的光芒都能够支撑她走到最后。而她身上的光芒，也能让最开始的非议者闭嘴，将那些不看好的非议都变成美好的祝福。

也许决定人生的，不是你会走什么样的路，选择什么方向，而是你走的时候，有没有带上不可或缺的光芒。无论多冷，也要做自己的小太阳，再黑暗的路，也会被你照亮。

纵使前途未卜，为爱也要策马天涯

年年跟他女朋友是异地恋，远隔南北，众所周知的是“异地恋，分得快”，很多人都劝他：这个时候不分手，等着以后戴绿帽子吗？

但是年年是我认识的最执着的人之一，脾气倔得九头牛都拉不回来，只要是他认定的事情，就一定会坚持到底，包括这段在别人看来有些脆弱的感情。当然，别人不看好这段感情不仅是因为异地恋，还因为年年的女朋友本身就是一个很娇气的女孩，娇气在大多数时候都不是一个缺点，但是在两人相距千里的异地恋中，毛病就会越来越明显，用一个通俗的说法就是：作。

年年在大学里做兼职，可以说是最努力的一个人，但是经济状况还是常常出现赤字，因为他几乎将所有的钱都用来买机票了。一些重要的节日一定是要陪女朋友过的，一些不怎么重要的节日呢，也要飞过去给她一个惊喜。只要能够看到她脸上蓦然惊喜的笑容，就已经是人生最幸福的时刻了。

虽然日子过得紧巴巴的，但是两个人在热恋期，倒也甘之如饴。但是女孩还是会有不满意的时候，尤其是生病了，看到别人你侬我侬，而自己的男朋友却远在千里之外，身边连一个关心她的人都没有，就忍不住想："为什么你不能在我身边？"

而事实上，年年接到女友生病了的电话之后，就用最快的速度订了机票飞了过去，为她送水买药。这一场风波也终于通过这样的方式平息下来了，而且两个人的感情更为真挚。

当然，也出现过戏剧化的情景。放假了的两人都想要给彼此一个惊喜，事先没有打招呼，然后彼此飞到了对方的城市，一打电话，才发现两个人做了一件很有默契却又很无奈的事情。年年赶紧回程，在熙熙攘攘的机场出口，两人都无视了周围奇奇怪怪的眼神，深情相拥。所谓的有情饮水饱，说的大概就是这样的状态吧。

但爱情并不会因为一时的感动而变得更加长久。虽然年年一直抱着结婚的目的跟女友谈恋爱，但在大三的时候，女友还是跟他提出了分手："这样的生活还是太累了，你和我以后都会变得更忙的，还是分了吧。"

女友给他打电话的时候，他正兴冲冲地跑到她宿舍楼下，想告诉她一个好消息："我找到实习工作了，在你的城市！"

然而，年年的好消息还没有说出口，却看见自己朝思暮想的女友从一辆宾利车下来，满脸绯红，一脸娇羞。很明显，那个男人是一个高富帅，从哪个方面来看，年年都比不上。

年年黯然离开，却依旧没有放弃。女友跟那个高富帅没有维持多长时间就分了手，在女友伤心欲绝之际，他没有落井下石，还是体贴地陪在了她身边，仿佛什么都没有改变。朋友们都劝他，好马不吃回头草，是女方先提的分手，他又何必去挽回这段不值得挽回的感情呢？

但谁都不能阻止他的坚决。后来女孩也的确回心转意，现如今，他们早已步入了婚姻的殿堂，生活幸福。聊天的时候会谈起以前感情路的坎坷，年年的眉眼里却带着笑容："到后来我也已经开始怀疑我们能不能走到最后了，但是想到这样无怨无悔的爱情只能经历一次，我还不想放弃，所幸，我等到了。"

年年是幸运的，他为爱奔走，也的确收获了甜美的果实。但也看到过许多悲伤的结局，无论多么努力都不能挽回的爱，可就算如此，也没有人会后悔过当初拼尽全力的付出，只会告诉后来的少男少女："趁着你还有力气去爱，一定要好好地爱一个人，以后未必会有这样的机会，也未必会有这样的精力了。"

的确，长大了，恋爱成为一件奢侈的事。或早或晚，你会明白我说的话。

影子是我的好友，她对这一段话深有感触。初恋男友是她的高中同学，本来约好了一起考同一个城市，男友却临时失约，但影子向来都是一个通情达理的姑娘，在男友解释了之后，她也就释然了。

影子的男朋友是医学院的，各种课程繁忙，她舍不得让他两地奔波，又想念他，常常一个人坐十几个小时的火车赶到他的城市，就为与他共同度过一个周末。有时候钱不够了，就买硬座，随着“哐当哐当”火车的声音摇摇晃晃地到了终点站。影子长得漂亮又有气质，在学校也是女神级别的人物，但是再仙的人，一晚上的硬座火车下来，也成了蓬头垢面的流浪姑娘。

她也是从小被娇养的女孩子，哪里吃过那么多的苦呢？虽然大多数时候去见男朋友都被满心的喜悦填充着，但是怎么可能真的一句怨言都没有呢？

在火车上各种各样的声音混杂的时候，各种各样的味道混合的时候，女孩子特有的一些小情绪上来了，她觉得恶心得要命，眼泪就不自主地落下来了。她不想被人看见，赶紧跑到火车车厢末尾的洗手间洗把脸，结果被吸着劣质烟的男人们熏得够呛。

但是再委屈的影子，在男朋友面前，也总会露出会心的笑容，让人感觉再累都是值得的。

我和三两个朋友实在看不下去，一次在她难过的时候劝她赶紧分手，这又是何苦呢？不是明显给自己找不痛快吗？在最需要爱人安慰的时候他却不知道在哪里鬼混，这才是一个人最可悲的时候吧。

恋爱中的姑娘都傻，这句话在影子身上体现得淋漓尽致。她一如既往地坚持着，也一心以为只要坚持就能得到一个好结果，天道酬勤，难道她用心如此之深，还不配拥有一份美好的感情吗？

然而异地恋四年，也终于在毕业的时候落下了帷幕。是影子主动提出的分手，那个男生表情淡淡，似乎早就料到了，最后伤心的，却也还是影子，她大哭了一场，也不知道是哭这份无法挽回的感情，还是哭四年如花似玉的青春。但哭的同时，明显可以感觉到，她已经松了一口气。

后来影子告诉我："那也许是我这辈子最难忘的时光吧。我从来没有后悔过我的付出，但是以后肯定不会这么用力地爱一个人了。坐在一点都不舒服的硬座上的时候，我甚至升起过这样的念头，要不就这么算了吧？哪怕没有一个好的结果，我也觉得我已经尽力了，很多事情尽力就好，结果是强求不来的。"

也确实，后来影子再也没有坐过硬座，那一段硬硬的垫子硌着她、各种各样的气味冲鼻而来的时光已经一去不复返了。

再酸涩的果实，也冲不散那段时光的烙印。有时候太在乎一个结果会让人患得患失，斤斤计较会让人很难享受到过程的美好，尤其是爱情这回事儿，你听到圆满的故事很多，但是流落在记忆中残缺的结局更多，如果抱了"我一定能得到回报"这样的心理，只能伤人伤己。

纵使前途未卜，也希望你为爱鼓起勇气，在还相信爱情的时候努力去爱，才不会辜负了最美的光阴。至于结局，还会有谁去刻意强求呢？

在变老之前，我们还有很多事要做

在我读大学的时候，非常喜欢一位选修课的教授，他很年轻，但长得不帅，并不是靠外貌风靡学校的那种教授，这里姑且叫他涛哥好了。他给我们传输的许多理念与大众的价值观背离，而且很严厉，尤其是遇到上课玩手机的，如果撞在了枪口上，说不定会被要求离开教室。

这一点在今天的大学课堂，可能会让他成为不讨喜的老师，因为在所有人的认知里，大学是一个开放性的场所，学不学习全凭学生自己的喜好，而玩不玩手机，更不像在中学一样被管束起来了，尤其是选修课还是被公认的大学“水课”。但我很喜欢他说出来的理由：“你现在的四年，跟七八十岁时候的四年，密度是不一样的。你总要有一个目标，而不是像一只没头苍蝇一样乱撞。哦，当然了，哪怕你是乱撞的，也要比一动不动要好。”

我有点儿迷信这段话，每次觉得自己撑不下去的时候，干了他的这碗鸡汤，就觉得自己一定还是有余力的，一定还没有达到极限，否则也没有精神来想这些乱七八糟的事情了。不想在七老八十的时候奋斗的我，只能咬牙爬起来继续拼命。

“当你们在刷手机的时候，你们会有一种成就感，觉得全世界都在你面前，但事实上，除了一些无聊的八卦，你们什么都没有得到，你们真的想让人生就这样在手机面前刷过去吗？”涛哥从来不强求大家去听他上课，他认为如果那些翘课的人能够在他上课的时段里做更有意义的事情，那是再好不过的，但是来上课了反而开始刷手机，那就太没有必要了。

也听过涛哥的奋斗史。说起来应该是在他读博的时候了，他研究的是非洲政治，于是去了非洲赞比亚大学读博，是靠国奖出去的。但是与众人想象的无限风光不同，一到赞比亚，他也被同化成了“难民”。

国外的大学不同于国内有一体化建设，校内会配备价廉物美的食堂与超市，在国外，大学是一个绝对化开放的存在，不仅没有超市食堂，连固定的宿舍楼都没有，只能自己在大学城里找房子。能够租到什么价格的房子，全靠自己的一张嘴皮子了。在那里，只要你愿意，当然可以天天在外面吃，但你的荷包一定要够鼓。非洲农贸产业不发达，许多东西都是要靠进口的，所以物价比国内的一线城市还要贵个四五倍。

单单靠一个国奖是不够的，已经读博了的他自然也不好向父母伸手，只能自己买了个电磁炉煮饭，国外大米太少，就买玉米粉，男生不擅长做饭，他就直接煮一锅汤，倒一些菜进去，再加一些玉米粉，几天的伙食就有了。

这么单调的饭菜，吃一两顿就让人恨不得洗胃了。涛哥说，那时候觉得能吃到泡面都是一种幸福，实在没办法了，就去找兼职，跟同学一起联系了中国驻赞比亚的大使馆，找到一份翻译工作，每天的任务就是翻译赞比亚大大小小的报纸，总计二十七份，连广告都必须一字一句地翻过去。刚开始的时候他几乎将整天时间都耗在了上面，直到后面找到了窍门，才轻松了许多。

涛哥在大使馆工作，一个月的工资是八百美元，包中午饭，钱不算很多，但是对于那时的他来说，管饭就是人生最大的福音了。大使馆工作的时间固定，使馆内手机信号屏蔽，电脑不能联网，不仅工作本身枯燥得要命，如果心不够静，待在那里分分钟都是煎熬。涛哥在那里翻译了大约两百多万字，到最后能被他带走的，除了留在脑子里的印象，一个字都不能带出大使馆。

“几百万字都留在使馆，我觉得挺可惜的，但同时也很感谢那段时光。如果那个时候没有整天刷翻译，也不会有今天站在讲台上的我，现在没有一天翻译二十几份报纸这样的经历了，所以少年时候的努力与付出，绝对是至关重要的。你现在不努力，难道真的要等牙齿掉光了再出来混社会吗？”

哪怕在使馆中的工作不能让涛哥积累足够的资历，也为他提供了很宝贵的经验。后来我看过他翻译的好几本与非洲有关的著作，笔法流畅，这不仅意味着他对语法的熟练，还意味着他对文化措辞之类的理解，与市面上许多半吊子作者翻译出来的作品完全不同。如果没有那段漫长枯燥的使馆工作，很难想象他现在是否能够翻译出这样流畅的作品。古人说的“厚积薄发”，大概就是这个道理吧。

在读中学的时候，很多老师都会这样告诉你：现在好好拼一把，等到大学就轻松了。而当你到了大学之后就会发现，剧情根本就不是这么发展的，的确有堕落的人，因为这里除了点名的时候老师会念叨你的名字之外，不会再有人管束你，你可以自由地选择自己的生活，想要游戏通宵是可以的，想要四处旅行是可以的，想要一周七天假也是可以的，当然，期末能不能通过考试则是另外一回事，挂不挂科是另外一回事，重不重修也是另外一回事。

同样的，你也会看到，很多人依旧在图书馆自习，努力地在社团组织刷着自己的存在感。理由也很简单，这个时候不拼，要等到什么时候去奋斗呢？

当然，你也会告诉我一个理所当然的答案：不是还有工作的时候吗？等到工作的时候，我再努力一把好了。

如果说，在同一所大学是不分等级的话，那么工作必然是会分等级的，当你被一个阶层束缚着的时候，才想着努力一把，真的能够跳出原来的阶层吗？就算可以，你要比平时付出多少汗水？在本来可以积累资本的时候却肆意浪费时间，在别人开始享受生活的时候不得不奔波，才是人生最可悲的事情吧。

大学四年的密度，到底跟你七老八十的时候密度是不一样的，如果你想提前享受养老院的闲散生活，每天晒晒太阳，刷刷手机，那是没有问题的，只是你真的甘愿在毕业之后成为事事不如人的平庸之辈吗？而当你已经没有了青春年少时的热血，又该怎样燃烧你的生命去做你早就应该做的事情呢？

其实人生有时候可以比作一张信用卡，在你青春尚好的时候拼搏积累，等以后自然也不用当一个每月还债的人。如果你要提前享受，也不是不行，但也需要做好负债累累，挎着老迈之躯汲汲营营地准备。

相信谁都不愿意在暮年时这样说：“如果当初努力一把就好了。”相信谁都更愿意来一句“：当年我是竭尽全力拼搏，才有了现在的成就。”为了迎接第二种结局，在变老之前，我们还有很多事要做。

比起不做而后悔，不如做了再后悔。——空白《游戏人生》

PART4

你终将过上梦想中的生活

年轻人，你觉得累就对了，说明你正在走一段上坡路，说明你还有进步的空间，现在不拼更待何时？

方向对了，路再远也不怕

不管前方的路有多苦，只要走的方向正确，不管多么崎岖不平，都比站在原地更接近幸福。——宫崎骏《千与千寻》

A是我的高中同学，也是我见过最努力的人之一。我们高中管得很严，大家都很拼，但是她对自己的要求显然要更高更狠一些。每当我们松懈的时候，老师们总喜欢将A作为先进典范鼓励我们，人家都坚持下来了，你们又怎么能说放弃呢？

为了让我们更好地吸收知识，几乎每节课老师都会写密密麻麻的板书，整整好几个黑板，就算之前老师再三叮嘱，一定要把笔记抄下来，不然到时候没地方找。但是我们抄着抄着就累了，开始偷工减料，能不动笔就不动笔了。

A就坐在我前排，当目光无意中扫到她的时候，她总是在奋笔疾书。有一次我就想看她什么时候停下来，于是一直盯着她看，想着她肯定很快就要坚持不下去了，却没想到，一直到下课的铃声响起，她都在认真做笔记。我凑上前去看了一眼，密密麻麻的字迹，看得我眼晕。

晚自习大概在十点半结束，大家从一天繁重的学习中解脱，齐齐地松了一口气，不管有没有睡意，只要能够远离教学楼这个“鬼地方”，都是一件让人感到快乐的事情，所以这个时候也是大家最积极的时候，麻利地收好书包，撤！

但是A就是那么与众不同，每次下了晚自习，她还有很多事情要做，要把老师讲的重点背一遍，要将明天的课预习一遍。本来我们学校最不缺的就是习题和考试了，但是她竟然还有时间做其他的习题和试卷，真是让人大跌眼镜。

尤其是到了高三，A的努力更是到了拼命的程度。经常听到她们宿舍的室友抱怨：“每天晚上她都要打着手电筒看书看到凌晨，我真不明白她这么做有什么意义，把宿管老师吸引过来，我们一个宿舍的人都不能安生。”

A其实是一个挺温软的女生，听到这些话也只是将头深深地低下去，不愿意跟别人争辩。她也不是故意想要打搅别人休息，只是觉得如果不努力一点，就会跟不上别人的脚步了。没错，出乎所有人的意料，A这么拼，成绩却很一般，一直处于中下游的位置。

本来老师们都将她作为典范，觉得这个姑娘这么认真肯定成绩不错，但是每次结果出来，他们只能为她扼腕叹息了。每次成绩出来之后，A都会在桌子上趴一整天，抬起头的时候眼睛红红的，大家也只能安慰她，下次一定能考得更好的。毕竟她那么拼，已经没人再忍心向她施加压力了。

当有人感叹A的天赋不及时，我很清楚她其实一点都不傻，只是有时候，找错了方向，才会让本来轻松的旅程充满颠簸。有段时间我因为杂七杂八的事情缺课了很长时间，回学校之后要借别人的笔记恶补，第一个想到的就是A，因为所有人都知道，她的笔记是全班，甚至是全校最完整的。等我看完她的笔记，发现了一个问题：她的笔记本上密密麻麻的全是字，却没有一个重点，没有一点主次，虽然很完整，却让人没有看它的欲望——尤其是对于我这种懒人来说。

没错，应试从来都不是没有规律的。最重要的一点就是分清主次，很多内容虽然老师提过，你也记在了本子上，但是最后根本用不上，这种价值较低的部分最好的办法就是忽略掉。人的精力有限，不可能把方方面面都研究透，但是重点是一定要掌握的。

我终于明白为什么A这样拼成绩却一直上不去了，勤奋从来是没有错的，很多人的成绩都是靠题海战术提升起来的，但是题海战术同样要有针对性，你不可能记住所有题。譬如我们学校，早就筛选出一些重点题型来做了，与其自己再另外摸索，不如将已经到手的资源好好琢磨透。

努力付出要有方向，如果方向不对，所有努力都是白费。浪费的不仅是自己的精力，还会消磨掉信心，你会逐渐觉得，似乎你就是一个笨蛋，再努力也是没有用的。

与A姑娘类似的人，我见过很多。工作之后，我带过一个实习生，桃子小姐。她一直很努力，但除此之外，实在很难再找出优点。

公司里给实习生的任务不多，但是桃子小姐每天都在办公室里忙碌着，至于她在忙什么，我实在是看不出来。每天恨不得将所有工作都揽过去，每天第一个来公司，最后一个走，看起来似乎比老总还忙。然而在验收工作的时候，却发现结果不尽如人意，把本来很简单就能解决的事情搞得格外复杂，她给所有人留下的印象只有一个——笨拙。

就像用EXCEl的时候，本来软件有自动求和的选项，但是你非要去函数库自定义一个，这不是多此一举吗？

桃子小姐真的很拼，我无法将很多工作交给她的同时，再去苛责她什么了，只能在明里暗里提醒她，很多事情可以换一个方向思考，也许会省很多事。

比起考勤严格的公司来说，我们公司更看重的是绩效，如果拿不出成绩来，再努力也是白费，最终都无法留在公司。

实习期结束后，桃子小姐如我所料，没有得到公司的合同。我从不怀疑这个姑娘的未来，因为她真的很拼，但只要她的脑子再灵活一点，找对方向，成功只是时间问题。

看到过这样一段话：努力是指主动而有目的的行动，努力是有方向性的，是为了改变现状的，如果不能创造价值，那努力就一文不值。或者说，你付出的不是努力，只是体力而已。

方向对了，路再远也不怕。都说天道酬勤，其实这句话本身是没有错的，只是人们往往忽略了前面那半句话，以为只要付出了足够多的汗水，就能够收获成功，只要一条路走到黑，就一定能够见到前方胜利的曙光。但很多人都没有想过，像没头苍蝇一样乱撞是很可悲的，方向不对，将会是一个致命的错误。就算你暂时取得了成功，那也更像是一种误打误撞，好运不会永远都眷顾你的。

我想，在“方向对了，路再远也不怕”这句话中，“方向对了”是排在最前面的，其实更像是一种强调，一种前提条件，一种不可或缺的因素。在你付出了很多却没能够收获自己满意的结果时，不妨停下来找找自己的方向。不必担心在停下来的过程中被人超越，因为一旦找对了方向，你会很快迎头赶上，反之则会被更多人超越。

别让你的努力变得一文不值，找到方向，路再远也是捷径。

为理想拼搏的路上，再苦也要坚持

在所有人惊讶的眼神中，明天义无反顾地选择了复读，开始了新一轮的征战。

明天同学刚转学过来的时候，成为了我的同桌。据说他在之前的学校成绩一直不错，但是因为校风不好，所以父母找了各种关系转过来，只是他那尚好的成绩在我们学校只能算是中等。

为了能够弥补这种差距，明天每天都在跟课本、试卷奋战，遇上不明白的问题总会记下来，然后自己琢磨，琢磨不透的就问老师同学。我看过那本笔记本，很惊讶一个男生的字迹竟然能够写得这么规范工整。

课间聊天，我不免感慨他怎么能几十天如一日地这么努力，他的成绩已经不错了，肯定能够考上不错的大学。但是他说，还不够，他的目标是香港大学。的确，这个成绩，想要拼港大还有很大的差距，就算是年级第一也未必就能考上。如果是普通人，或许我会劝他找一个简单一点也踏实一点的目标，但是在他身上，我能够看到一种坚定，一种执着，让我很难说出“放弃”这个词。

明天的学习状态渐入佳境，当他的成绩终于稳定在年级前五十的时候，遇到了瓶颈，在竞争愈加激烈的氛围下，他的情绪开始变得焦躁，尤其是在发现很多知识靠啃课本没有办法得到突破的时候。

好在明天的抗压能力极强，他渡过了一段瓶颈期，之后找到了自我调整的方法，逐渐恢复了状态。

高考结束了，如众人所料，明天取得了一个不错的成绩，完全可以选一所985学校了。然而，离港大的目标还有差距。令所有人没想到的是，明天竟然选择复读，放弃这么好的机会，一心只选港大。

甚至连老师都在劝他：“现在不能上港大，以后可以考研考到那里去，很多人复读了一年，结果因为压力太大连原来的成绩都没有考到。”老师说的不是个例，毕竟经历了这么痛苦的苦学期，又有几个人愿意去复读呢?

然而，明天就是如此与众不同，他说服了父母，重新开始。那时候我已经开始了大学生活，乐不思蜀，逐渐在空间和朋友圈嗨起来。有时候去看明天的QQ头像，一直都是灰色的，就算是周末也未必能够找到人。想到他还在为了高考煎熬，对比一下我五光十色的生活，不免为他扼腕叹息，毕竟，在他有机会的时候却要重新选择未知的旅程，真不知道该说他傻呢还是要佩服他的毅力。

毕业后，联系逐渐变少，他忙于复习，我忙于新生活。时间少了，共同话题也少了，自然而然地就有了距离。直到新的一年，高考成绩出来，我听说明天的成绩又刷出了一个新的高度，虽然没有拿到状元，但也是全市第二的成绩，而且他已经通过了香港大学的自主招生，看来他的目标要实现了。

我和高中同学们都惊呆了，大家纷纷表示，早知道复读这么神奇的话，肯定毫不犹豫选择复读。但是每个人心里都清楚，上天再给他们一百次重新选择的机会，结果还是一样。

高考真的是很拼的，高三那年，绝对可以算是人生中最痛苦的一年，不是每个人都有这样的毅力与勇气选择复读的。所以对于明天的惊艳，大家也只有艳羡了，几天之后，还是各玩各的，很快便忘了这件事。

放假回家的时候班级聚餐，明天也来了，我们纷纷起哄让他分享一下差点成为状元的秘笈，以后说不定还可以拿出去吹一把。他也开玩笑地告诉我们："哥其实就是这么牛的人，以前是不是都看走眼了啊！"

很多人的确没有想到，明天居然能够创造出这么华丽的逆袭，在同学们眼中，他的智商并不算最高的，报考香港大学更像是一个玩笑。毕竟最终能上港大的人，不是光靠努力就可以弥补的，肯定要有一定的天分。

不知道有多少人劝过他，人生是要有取舍的，有时候过好眼前的生活比什么都重要，千万不要眼高手低，好高骛远。明天的确也犹豫过，但最后他还是孤掷一注，再拼一次。

我想，这就是执念的可怕之处吧，也正是这种执念改变了明天的命运。

聚会之后我们又去唱K，正好我跟明天都落在了后面，于是趁着这个机会问他，这一年到底是怎么坚持下来的。

夜色有些暗，偶尔有五光十色的霓虹落在他身上，让人看不清他的神色，也不知道回忆起复读的时间，是辛酸多一些，还是喜悦多一些。明天笑了笑，突然有些伤感地说："大概就是一直逼着自己吧，逼到了极致，突破也就出来了。我不想一辈子都在重复复读的生涯，但是我也不想就这么轻易地放弃自己的理想，这个时候，也就只剩下逼自己了。"

"大概你也看到了，我在复读的时候基本上不玩手机，不是不想玩，而是不敢玩，连碰都不敢碰，我怕一上QQ，一登录微信就看到你们在晒大学生涯的种种美好，那样会让我丧失所有动力，我真的怕自己受不了这个刺激。有时候我是真的撑不下去了，我不是每一次都能调整过来的，所以最好的方法，就是隔离，就像我一样，将自己隔离，独自在学校静静地学习，不受干扰。这样很痛苦，但是效果很明显。我相信，每个优秀的人都会经历一段沉默的时光……"说着，明天大笑起来。

有时候生活给了你难堪，也不能忘记理想，因为或许就是如醉语、像梦呓一般的理想，在时光的无助中，给了我们坚持下去的力量和勇气。其实，我们未必都很勇敢，只是在面对自己想过的生活时，才会变得格外的奋不顾身。而当你连为理想拼搏的勇气都无法拿出来时，这时候的怯弱才是真正的怯弱。

我们都在努力地往前走，不问终点，不问前程，谁能够坚持得更久一点，谁在未来就会笑得更加灿烂。

曾经走过的艰难岁月，相信回头的时候，都会笑着说出来。理想这条路踏上了，跪着也要走完。

十年饮冰，难凉热血

11月8号是记者节，我给朋友阿江发了一条祝福语，结果他回了我一个网址。我点开一看，才发现是一个知名媒体人在这一天辞去了坚持了十多年的记者工作。在朴树《那些花儿》的歌声中，莫名觉得有些心酸。

大概每个媒体人的成长过程都是如此，同事们又聚又散，付出心血的报刊杂志停办，喜欢的稿子被毙……他们拿着有限的工资，做着艰难的工作，却依旧不愿意放弃，因为在这条路上，还有未燃尽的执念。

也许在每个媒体人心中，都有这样一根标尺：真正的报人，是上帝放逐在混沌人间的天使，他们有一颗澄明的心，一双犀利的眼，一支独立的、只忠诚于真理和道义的笔。他们应该有平静的心情，闷在盖子里，架在火上，燃烧出的是智慧的蓝火苗，而不是浮躁的红色火焰。

然后看到这位知名媒体人说了一个故事，有一年她在烟台拍一个叫做《兄弟》的纪录片，真人真事：孤儿兄弟自幼相依为命，哥哥辍学打工，供弟弟上学，弟弟终于考上大学，要交钱学计算机，哥哥就监守自盗，偷了公司的东西，之后潜逃。警方找到弟弟并向他施压，要他给哥哥打电话，就说自己病重，哥哥忍不住偷偷去学校探望，被捕归案。

其实，这只是再正常不过的抓捕技巧，相信很多人都明白，但是这个片子依然改了三遍才通过，制片人跟她说："我理解你的心情，但我们不能太理想化，媒体需要一个正确的立场，这是责任。"

她在结尾处写道："人活着，需要找到一条与大世界相同的路径，也需要被路径里诞生的各种故事支撑。如果我们都闭上眼睛，捂住耳朵，屏住呼吸，使全身僵硬，不去触摸世界，那故事就无法开始。"她做过一些节目，努力支撑着一份报纸，当它们一一倒坍的时候，她终于坚持不下去了。

这时候背景音乐正好唱到"她们已经被风吹走散落在天涯/他们都老了吧？/他们在哪里呀？/我们就这样各自奔天涯……"眼泪就落下来了，看到很多媒体人因为各种各样的原因失落在各自的生活里，以为能够习惯了这种离别，但每次听到，都会再难过一遍。

阿江也很难过，他也是一名记者，入行五年，可以说，从他刚毕业时起，就没有想过要从事其他职业。比起我这个旁观者来说，他更能对同事的离职感同身受。

在阿江刚开始实习那会儿，经常一个人架着摄像机满大街跑，就是为了寻找素材。有些人不愿意上镜头，尤其是遇到纠纷的事情。有一次，他就遇上一群壮汉把他团团围起来，想要抢他手中的摄像机，嘴里还在骂："让你拍！"阿江冲过去护住摄像机，结果整个人被揍得鼻青脸肿。

很多时候，阿江是一个不受欢迎的人，当他满腔热血地冲过去想要做采访的时候，经常换来人们的白眼，嫌弃他多管闲事。有一个大妈就说："我们自己就能够解决问题，你上来掺和什么？想要我们丢脸丢到全国人民面前吗？"明明在毕业之前，他还是学校有名的高材生，但是一出社会，威风凛凛的形象就被打回了原形。

然而阿江还是坚持了下来。在工作之前，阿江从来都不抽烟，他受不了那个味道，但是在工作之后，有时候压力实在太大，一天就要抽一整包。但是好在，他整整坚持了五年，还是记者，他不习惯办公室的工作，喜欢到处跑找素材，当然，他也已经从一个记者变成了一个特约记者，在媒体行业上也算是小有名气。

虽然如此，阿江还是会遇上一些棘手的难题，比如说拒不配合的市民；比如说亲戚朋友的规劝，让他换一份稳定安全一点的工作；因为太忙，他谈了好几年的女朋友受不了他的作息时间分手了……幸福的人大多相同，但是无奈的人都会有各自的辛酸。只是今天的阿江，至少不会在承受不住时一个人痛哭了。有时候直面世间炎凉，才能让一个人更快地成长。

他说，做媒体，大约是真的可以用"十年饮冰，难凉热血"来形容的。他们都是媒体的难民，那一艘曾经华美的大船，像泰坦尼克号，有着悲剧的命运。坚持到最后的人，无非是甲板上那一群乐手，保持着教养和风度，心里知道所有的救生艇都走了。

命运决定了他们会是最后一批撤离的人，因为只要还有一点希望，他们就不会放弃。阿江说，他还年轻，就算是心灰意冷，也还有很长的路要走。

也就是这两天的事情，《康熙来了》停播，网上哀嚎跟追念的声音响成一片。对于从来不看这些节目的人来说，可能它停掉也就停掉了，一个节目倒下了，还会有千千万万个节目站起来，完全用不着难过。甚至在有些不欣赏它的人看来，这就是一档教坏大家的节目，说它重口味、低俗、口无遮拦、荤腥不忌、满嘴跑火车……

但是再想想，当我们再环顾四周的时候，却发现身边已经没有一档跟《康熙来了》一样会说的节目了。

很多人都说，《康熙来了》的停播，就像是一场青春的谢幕，不知道有多少人，靠着它的陪伴，度过了自己最无聊的年少时光。

看到蔡康永在微博上说："我说我想做些改变。节目马上十二年了，我最感谢累惨了的工作人员，希望你们觉得值得。这段奇妙旅行，我将铭记于心。十二年来，有笑泪，有阴晴，相伴一场，人来人往，只是日常。我的康熙时光，再见了。"

不是说放弃，只是想要更好地改变。也许在蔡康永的词典里面，还没有写上"放弃"一词，只是想要在这条路上走得更远，蔡康永也希望走得更好。我想，这大概就是《康熙》停播的不同之处吧。

十二年，是一档节目，一档节目都能写成一本书了。回想一下，这个世界上有多少人，能够寒来暑往地坚持一件事呢？正是因为太少了，所以看到有人做到时，其实心里不免还是会羡慕和感动的。

很多事情都不是说说就能够成功的，这个世界上，有好多你本来决定要用一生去拼命走出的路，那上面布满了寒冰，一寸寸地凉了你的热血。当你的热血凉透，就会恍然发现，自己当初竟然做了那么多的无用功，一切都显得毫无意义，而我们就是这样一步步走向庸俗的。

有些人“聪明人”放弃了，有些“傻瓜”还在坚持。下一次独自上路时，他们依然会燃烧起满腔热血，在黑暗中踏上一条冷冰之路，纵使艰难，依旧咬牙走到最后。

如果你选了一条荆棘之路，不要害怕路上的碎玻璃，用鲜血染红的双脚翩翩起舞，那一抹亮色会让你此生铭记。

未来与你无关，你需要担心的是现在

朋友跟我讲过一个故事，是关于他的大学同学的。

W是一个很有自信的男生，对未来有周密的计划：成为一个成功的商人，五年之内走遍半个中国，就算不能成为王思聪那样的国民老公，也要受到很多女孩子欢迎。

其实他本人长得不错，又有一些绅士风度，的确有点“校草”风范。正因为此，听说他以悲剧结局时，谁心里都不好受。

且听我将这个故事说完。W的第一个理想就是成为一个成功的商人，但事实上，他是一个历史专业的学生，倒不是有什么专业歧视，只是在起点上，他就已经缺少了一些专业素质与技能的培养了。当然这不是最重要的，很多成功的商人都不是专业出身，但是他们通过各种方式弥补了不足，这一点很关键，但是W并没有做到。

他一直以那些白手起家、出身普通的成功人士作为典范，也相信自己有一天会成为那样的人。于是历史专业课成了他的必逃课，有些公开课成了选逃课。被老师多次点名之后，室友们也劝他：“就算不喜欢这个专业，至少在点名的时候要应付过去嘛，不然这个学期很难过的。”

但是他不为所动，一心想着要做一些很重要的事情，根本没有时间浪费在这些没有意义的专业课上。把他说急了他就直接用古往今来世界各地的精英们举例子：“我都不急你们急什么呢？每个人的成功都是需要经历过磨难的，以后等回想起来了，才会觉得这个过程虽然艰险，但终究苦尽甘来，说不定还能激励下一代人呢！”

到底是历史专业的学生，举起例子来内容详实，论据充分。其他人无言以对，也终于放任他去了。

果然，到期末的时候他挂了好几科，被学院通报批评。随后是参加补考，重修，一路坎坷，也终于在四年之后拿了一个肄业证书，那时候他还是有激情的，离开学校的前一天晚上在宿舍豪迈地说，“此处不留爷，自有留爷处。等我功成名就了，他们还不是照样会恭恭敬敬地请我回来做演讲？恨不得把毕业证书捧上来。在这个社会，就算是清华北大毕业还不是什么用都没有？研究生遍地走，博士多如狗，还不如自己头脑有用来得实在。”

他拿了家里几十万开了一家玉石店，但是没多久就因为不熟悉市场环境赔了。玉石店关门之后，他不知道该干点什么，只能推着一个流动小铺子在母校的门口卖早午饭，起早贪黑，脸上早就没有了当初的狂妄，努力扬起笑脸招揽客人，总算是有了生活磨砺的痕迹。

W的第二个理想、第三个理想也因为第一个理想的破灭而破灭了。

给我讲这个故事的朋友毕业之后考研读博，一路顺畅，最后留校任教，每次走过那条街的时候，他都故意避开W，倒不是因为嫌贫爱富，只是如今两个人有了差距，再相见时回想起往日的情景，不免觉得尴尬。

其实W不是个例，多少人成也因为理想，败也是因为理想，其中最重要的一个原因就是眼高手低，最后却发现自己能力不足。

W的话说得都很有道理，社会上的成功者的确经历了种种坎坷，而当他们成功之后，这些磨难已经成为了嘴边的谈资。但是想来，没有哪个成功人士会像W一样，明明可以轻松考过的科目，却因为对未来虚无缥缈的幻想而放弃。

未来再美好，终究比不上眼前的温饱重要。倘若我们为自己画了一个太过美好的蛋糕，不免就心心念念在了那个大蛋糕上，而忘记了这个蛋糕可不是白来的。现在不去拼命赚钱，谁会白给你一个大蛋糕？

如今的确是一个各种学历泛滥的时代，如果不是特别拔尖的人才，纵使是清华北大的毕业生也常常碰壁。但是就在这样一个学历不值钱的年代里，倘若你连一个体面的学历都没有，还拿什么与人竞争呢？

比如W，嘴上说自己有能力，但是怎么证明呢？到头来连一纸证书都没有，哪个HR会相信呢？

做一个假设，如果他每天去上课，顺利地拿到了毕业证书，即便他成为不了一个成功的商人，至少能找到一份工作吧。

生活到底不像谣言，只要你坚持说一百遍，就能成真的，停留在嘴上和梦中的未来总是显得浅薄。你可以幻想一个美好的未来，但是更要有一个脚踏实地的现在。

人生不仅仅是传递正能量那么简单，就算是励志，也要靠实力，不然一切就像镜中花水中月，就像前段时间微博上闹得沸沸扬扬的信任危机一样，从此再难让人相信理想的力量。我从来不喜欢打击别人，更不会站在一个高高在上的角度俯视众生，告诉他们："别做白日梦了，醒醒吧。"

有一个奋斗的目标终究是一件好事，总比浑浑噩噩如同没头苍蝇一样乱撞要好得多。但是想来你也看见了，光说不做是不行的。否则再美的愿景，也只能成为空中楼阁，很多人都比我清楚，"空谈误国，实干兴邦"这句话是真正被验证过的。

你应该有理想，但是你不应该只有理想，毕竟，未来还不属于你，只有你现在认真生活的每一刻决定你未来的命运，只有你现在脚下的每一片土地决定你未来的方向。

过好现在，而不是盲目期待精彩的未来。未来迟早都会到来，但是你的未来到底是精彩绝伦还是穷困潦倒，是由当下你所付出的努力决定的。

不必太纠结于当下，也不必太忧虑未来，当你经历过一些事情的时候，眼前的风景已经和从前不一样了。——村上春树《1Q84》

走得费劲就对了，说明你正在上坡

中国有句老话叫做：万事开头难。但是有时候最难的不是开头，而是在你一切都顺风顺水的时候遇到的瓶颈，会让你产生这辈子恐怕都不能有所进益了的错觉。世界最可怕的从来不是产生了某种错觉，而是你相信了这种错觉。

我算是亲身经历了这种瓶颈带给人的感觉，也差一点相信了这就是真实的。开始写文是很久之前的事情了，那时我给自己定下的目标就是从小型刊物一步步开始写，一点点地积累自己的人气，所以刚开始我还真没遇上多大的困难，修改了几次稿子之后作品就成功发表了。

熟悉了一家刊物的风格之后，过稿就会容易很多，连了几期之后也有朋友惊叹："没想到你刚刚开始写就这么厉害了啊，都快成为签约作家了！好多人写了好几年也没被选中几篇。"

那个时候不免还是有些沾沾自喜的，虽然还没有封神，但是我才刚刚开始接触这一块，有的是时间，现在就已经取得了这么好的成绩，想来之后会更顺利吧？曾经设立的目标也都变得清晰起来，甚至显得无足轻重，连最难的起步阶段都已经走过来了，还怕后面的路走得不顺畅吗？已经积累了一定的名气，还会担心自己的作品卖不出去吗？

我没有担心过这个问题，甚至因为这一路的顺风顺水，连一开始等待审核时候的紧张都没有了，不管等待什么刊物的审核，都变得无比轻松自在：反正肯定能过的。但是现实却结结实实地扇了我一巴掌。别说是没有攻克其他更大的刊物，连我原来觉得坚不可摧的“堡垒”都已经失守了。编辑很失望地跟我说：“一直很看好你，也很期待你更好的稿子，但是你一直在故步自封，别人有了更大的进步，这个机会当然也要留给别人了。”

那时候我的脸真是火辣辣得疼，原本的飘飘然转瞬间就被人一巴掌捏碎了，这种感觉真是怎一个酸爽了得。然后我开始反思，开始重新认真地对待自己的稿子，翻来覆去地对比了之后，我就发现，其实不是我的新文比不上旧文，至少在文笔上已经老练了很多，能够更好地契合杂志的要求了。

但是为什么编辑还不满意呢？

其实真的就像他们说的那样，从头到尾，别人都在更快地进步，而我却一直维持着原来的水平，于是很多原本看好我的编辑，觉得这就是我的极限了，而写文这一行从来不缺的就是新人，从来不缺的就是更好的创意，如果真的要这么坐吃山空的话，的确在我背后，有很多人等着取代我的位置，所谓的“新生代写手”“最受欢迎作者”也只是随时可以摘掉给别人的帽子。

我终于开始想要寻求突破。虽然我的能力能够让我在小刊物找到一席容身之地，但是我知道，我的目标不仅只有这么一个，我所能做的，只是在还没有被淘汰之前往上走。

再没有足够的实力之前，再浮夸的赞美都像是一种幻象，而正是这种虚幻的景象，反而将我定了型。比如有编辑提到我，想到的就是：“哦，就是写XX古风小说的那个嘛，什么？你要写现代？开什么玩笑？要知道现代跟古风的稿子是有很大的区别的。”

没错，很多人都这样认为，既然某一种文风过得比较顺的话，那就干脆一直坚持这种写作方式啊，何必去写那种自己不擅长的找虐呢？

但是我坚持认为我可以的，然后我开始琢磨怎样转换文笔才能让我的稿子显得更自然，一点点弥补自己的不足，然而这时候老天似乎故意想要将所有霉运一口气倒在我身上，所以这段时间的稿子基本上逃不过被退的命运，有时候都不敢登录QQ打开邮箱了，因为害怕看到的都是编辑遗憾地表示退稿的信息，满邮箱的都是一些退稿信，用行内一句通用的粗话来说就是“直接被退成了狗”，真的无比契合我当时的处境。

甚至有段时间我开始怀疑自己，是不是真的不适合这行，也许之前只是我的运气好罢了，现在轮到靠实力说话的时候，我却不能拿出相应水平的稿子。于是那段时间，我的负能量爆棚，甚至自暴自弃。

好在那时候在圈子里也有了一些好朋友，听说了我的情况之后，纷纷安慰我，一定会变得更好的。

“你现在走得困难，是因为你遇到了瓶颈。网络小说里面的修仙文你看到过吧？就是每到升级的时候都会遇到的那一道坎，如果不能突破，你这辈子就只能卡在这里，但是一旦突破了，你就是绝顶牛X的高手。”朋友C这样告诉我：“一开始走一条路的时候，我们都不会觉得特别困难的，觉得困难那都是因为你将要变得更好。你自己选择吧，想要变得更好还是一直停留在现阶段？”

当然是变得更好。我不假思索地做出了自己的选择。直到今天，我也庆幸当初做出的选择，迈过了那个瓶颈之后，我写文的路也变得更加顺利了，成功地将原来束缚在我身上的定式打破了。

回头看那段显得特别困难的时光，却惊喜地发现，其实走得困难，是因为我还在往上走，有时候走得费劲，是因为正处于上坡的过程中。

有一个词的热度从来没有淡褪过，这个词叫做“中年危机”。一代代的中年人老去，但总有一代代的中年人出现，可能各人有各人的烦恼，但是当这种烦恼趋于一致的时候，就成为了一种现象。而这种现象里面，就包括了在职场中的不顺利，可能很多人混了大半辈子，也只是混到了中层的位置，想要就这么放弃，觉得不甘心，但是想要往上走吧，却又显得无比困难，仿佛人生就卡在了这样一个不上不下的位置上。

这是一个难以进益的位置。要么堕落，要么突破，选择都摆在每个人面前，有些人因为蹉跎已经失去了曾经的斗志，磨平了激情，而有些人却更愿意放手一搏，孤注一掷。正因为他们的努力，才能够将后面崎岖的路一步步踏平。于是在所有人惊讶的眼神中，这些人就在中年危机中杀出了一条血路。

在你的人生中，一定会有一段显得格外艰难的时期，在这段日子里，你可能突然对自己之前所有的成就产生了怀疑，对未来的走向产生了迷茫，因为你发现，好像你的努力都打了水漂。但事实上，谁都看见了你的努力，看见了你的付出，只是在这一段时期，总是会显得不那么显眼罢了。

永远不要担心走得困难，告诉自己，走得困难就对了，说明你正在上坡，而不是被这短暂的低谷期阻止了你前进的步伐，耗尽了你前进的动力。

年轻人，你觉得累就对了，说明你正在走一段上坡路，说明你还有进步的空间，现在不拼更待何时？

笑着流泪，悲伤不老

小海是我的大学同学，一个浑身散发着正能量的姑娘，当她休学的消息传来时，我整个人都懵了，因为她由于压力太大患上了轻微自闭症。谁都想不明白，包括她的室友们在内，一个挺开朗的女孩子，为什么会突然患上轻微自闭症。

小海离开学校之后，我还是会在QQ上联系她，问她最近怎么样，扯闲篇，却从来都不会跟她提起生病的事情，因为这个阶段大都比较敏感。

后来小海的心情逐渐变好了，人也开朗了不少，主动跟我说起自己的问题来："你可能会觉得我矫情，如果你愿意的话，大学的确可以过得很轻松，但是不知道为什么，对我来说，我不能承受这么大的压力。我只是想将更多的精力放在喜欢的事情上，却要面对成绩的考验、别人的流言蜚语，我想象中的大学不是这样的。"

忘了提，小海还是一个天使面孔、魔鬼身材的美女，她说的喜欢的事就是当模特儿，平时也会找一些平面模特的兼职，有时候钱不够花了就去一些礼堂当礼仪小姐。这样的兼职通常会占用上课时间，老师们点名的时候不见人，次数多了索性当众表示会在期末挂她的科。因为兼职，还给她招来了不少流言蜚语，可能长得漂亮的姑娘注定不可能过上风平浪静的生活吧。

我以为小海是不在意这些的，因为就算是挂科，至少还有补考的机会，反正她从一开始就表示不想靠奖学金吃饭，也不想参加一些评比，她更希望将重心放在喜欢的事情上。她说，至于那些飞短流长，我觉得就更没有必要在意了，清者自清，人在江湖飘，总是会有被人说闲话的时候，反正只是说闲话而已，还没有到被人在背后戳一刀的事情。

从她平时轻松的语气和与人交往时的情商都可以感觉到，小海不是那么容易被外界影响的人。直到她将自己的心结说出来，我才明白过来，原来症结竟然出在这里。原来很多时候，她对别人扬起的笑容，更像是一种强颜欢笑，因为太过专注于自己的事情，在她难过的时候，身边连一两个可以谈心的朋友都没有，这才是最让人感到沮丧和失望的。

大约每个人身上的能量都是遵循一定的守恒定律吧，对外人展现出太多的欢笑，其实说不定心中已经积蓄了更多的苦涩，而如果连一个愿意倾听心声的人都没有，这样的负能量就会越积越深，最后导致小海承受不了压力选择了休学。

然后我问她，到底是什么原因让她选择了模特这一条路？

她毫不犹豫地告诉了我："因为喜欢啊！"

没错，就是因为喜欢，所以更不能让自己因为大环境的渲染改变了最初的喜好，改变了自己的想法。

我告诉她："可能你也感觉到了，同学们对你有点排斥，他们不太喜欢你，其实更大的原因是因为你太出挑，太不合群了，你跟别人有很大的不同，所以才会遭来嫉妒。你想要尽可能融入团体，你刻意表现出友善，强颜欢笑，但是你是否想过，如果你想要融入进去，代价是让你停止做自己喜欢的事情，你愿意吗？"

小海的答案一如既往的简单：当然是不愿意的。这个时候她也终于豁然开朗，有时候做自己喜欢的事情难免会遭来非议，尤其是这件事与大众的价值观不符。

小海当然可以选择屈服，可是她的内心告诉她，那是不可能的！人生短暂，做喜欢的事情，管别人怎么看呢？

想通了，病自然就好了。在家休养了一段时间之后，小海又回到学校，这一回，她大概真的看开了很多，不再假意迎合每一个人，做事也随心了很多。

卸掉伪装，做回真实的自己之后，小海的行为如她所料，引来了更多非议。但与此同时，她也开始在学校出名了，甚至不少人都成了她的死忠粉，觉得她忒有范儿了。

现在的小海，已经成为了某时尚杂志的签约模特，经常能够在很多时尚SHOW上看到她的影子，有时候她还会给我捎几张国内外难得的SHOW场的票子来。

她一直跟我说，挺感谢我那段时间时不时去骚扰她，并且跟她说那些话。那时候她是真的很迷茫，找不到方向，但是现在走到T台上时，镁光灯亮起，在人们瞩目艳羡的眼神中，潇洒地走上几圈，顿时让她觉得之前的坚持都那么值得。

最近看到《南方人物周刊》对话李宇春的栏目，忍不住就联想到了小海身上。这个访谈其实有很大一部分是说李宇春在“WHY ME”演唱会上的事情和她对情绪的把握。记者问她，为什么会在“WHY ME”演唱会上唱《流言》时哭了，是怎样从一个比较抑郁的状态走出来的？她说：“其实我是一个很容易冲动的人，有时候不善于控制情绪，很容易被感染，可能当时有些事对我造成特别特别大的痛苦或者不开心，但是到最后我都能忘掉。因为每个人都不可能记住所有的事情，不管是苦的还是甜的，这十年我都坚持过来了。”

也许每个要走上舞台的人，也许每个一夜成名的人，身上都会有各种各样的负担，有太多太多的眼神落在他们身上，如果觉得身上太重的话，可能会让他们的步伐显得特别蹒跚，有时候，摘掉身上的一些负重，其实会轻松很多。

“对很多人来说，10年了，他们看到一样的李宇春。10年前，好的、不好的标签都贴在我身上，不是我主动的。然后真实的你被覆盖了，他们根本就不知道你是谁，更别提你做了什么音乐。时间会让这些东西慢慢脱落，一点儿一点儿脱落，本身的样子才会显露出来。”这是李宇春在访谈上说的一段话，有着直击人心的真实。

这个世界上，光芒与黑暗是并存的，你能笑着承受光辉，也要哭着背负黑暗，但是最重要的，一定不要忘了自己的初衷。

笑着流泪，悲伤不老，做喜欢的事，活出真实的自己，这样的人才才够精彩。

你还这么年轻，不必迫不及待地扮老

我记得十年前的小学生是这样的：认认真真地趴在桌子上写歪歪扭扭的梦想，要当老师，想成为科学家……笑容天真而明媚，让人忍不住追忆童年。就算有什么烦恼，也有些为赋新词强说愁的稚嫩，比如说放学后竟然还要上补习班，老师说要请家长如此之类。

但今天的孩子却又是另外一番模样，少年老成已经不再是一个陌生的词语了。他们无比懂事听话，知道小小年纪就要考虑好未来的方向，不然现在的竞争压力这么大，他们将来如何生存?

于是就算没有父母的逼迫，他们也会非常自觉地上各种各样的补习班，精英式的穿着打扮，一手琴棋书画，一手奥数竞赛，恨不得个个都是天才。他们不会再说“我的梦想是”，因为他们觉得梦想虚无缥缈，而老师、科学家这样的职业更是土得不能再土。就算没有人在他们耳边念叨着要好好学习天天向上，他们也会为自己念起紧箍咒：再不努力就要老了。

似乎很多父母都对这么省心的孩子感到开心，似乎只有懂事，才能成为行走在现代社会的万金油，如果遇到调皮捣蛋的孩子，父母就会教训他："你怎么不跟那个XXX学一学，人家钢琴八级都过了！你看你，还是一副长不大的样子。"

但是这些父母显然忘记了，他们还只是孩子，为什么一定要剥夺孩子们玩耍的权利呢？如果真的能把孩子培养成天才倒也值得，如果不能，毁掉却是孩子的整个童年。试想，你小时候是这样度过的吗？凭什么要将自己的愿望强加在孩子身上？凭什么他们的童年就是埋在课本中度过的，而你的童年却是在嬉戏玩耍中度过的？

好像在今天这个时候，成熟已经跟成功划上了等号，如果孩子表现得太天真，就会输在起跑线，根本没有半点竞争力。但事实上，成熟跟成功是两码事，爱因斯坦到了晚年，还像老顽童一般童心未泯，而反观很多成熟隐忍的中年人，几乎都是被生活磨平了棱角的男男女女，不再具有创造力，也不再具有上升空间，浑浑噩噩地过日子，仿佛他们的一生，就是为了书写"平庸"的注解。

给孩子留一点童心，也给他们留一点发展空间，他们还有那么多潜能，没有必要给孩子太多负重。真的没关系的，就算他们现在还不懂柏拉图和苏格拉底的哲学，就算他们现在还不懂托马斯全旋和麦克斯韦定理，就算他们现在还不懂人情冷暖、世态炎凉。其实也没有必要这么早就让他们懂，毕竟他们还有这么长的时间去享受自由的光，还有这么长的时间去成长，没有必要揠苗助长。很多成功人士也没有一个早熟的童年，但是他们现在依然过得很好。

你这么年轻，年轻明明应该是你的优势，但为什么一定要将这样的优势隐藏起来呢？

大三那年，我在某公司当实习生。我个子矮，还有点儿娃娃脸，如果穿上校服，说自己是中学生一定有人信。我担心这副外表看起来太稚嫩，让人质疑我的能力，甚至在入职之前，我还为自己的“童颜”担心了很久，就怕遇到什么麻烦。为了让自己显得成熟一些，就挑了一些暗色系的服装压气场，故意在说话方面做得老气横秋，刚开始我以为自己做得不错，很是沾沾自喜。

直到有一天，我跟老师混熟了之后，她才忍着笑拍拍我的肩膀说：“下次你可以不用这么说话的，你才二十来岁，可以打扮得年轻一点，只会有人羡慕你的年轻，不会看轻你的，因为大家更关注的是你的能力。你本来就是实习生，还担心别人质疑你的能力吗？我们公司本来就没有那么多条条框框，你不要被心里的条条框框给限制住了。”

我恍然大悟，原来是自己将自己局限在一个怪圈里，认为只有成熟稳重的人，才可能担负起重要的责任，其实也只有幼稚的人，才会以为年龄是最好的武器，凭借老成的说话方式来获取别人的尊重。但谁都知道，真正获得别人尊重的，不是倚老卖老，而是你的才华与能力。年轻应该是资本，而不是遮遮掩掩不敢露在别人面前的黑料。我就是因为太过担心，所以才会愚不可及地平添了别人眼中的笑料。

而我也逐渐发现，不再刻意掩饰，放松下来的自己，表现得更加出色。后来我也在职场见到过不少故作成熟的学生或者是刚刚步入社会的青年，他们唉声叹气说社会压力太大，他们絮絮叨叨说自己有多重的责任，看到别人爱玩爱闹就老气横秋地说“现在的年轻人啊”，可能连他们自己都不知道，这些话配上他们稚嫩的面孔，是有多么搞笑。我不愿意笑他们，因为我自己也做过类似的事情，我只是希望所有人都能够摆脱故作成熟的枷锁，将真实的、青春的自己表达出来。

这已经是一个“人口老龄化”的社会，而原本应该青春尚好的我们，却提前让沧桑布满了脸庞，这才是一个社会真正的衰老。我们怨压力太大，但事实上，很多人却是故意表现出成熟的样子，以此给自己加分。

其实完全没有必要，我们故意装出成熟的样子，结果与能力、阅历不匹配，反而会被嘲笑。为什么你不愿意活得轻松一点呢？不要告诉我，轻松意味着不上进，每个人都值得过轻松的生活，只是有时候是你亲手将它抛到了脑后。

几年前看到过女作家蒋方舟的一篇专访，叫做《我是一个早熟的苹果》，在她十几岁的时候就可以模仿出妈妈的口吻来写稿子了，还让人察觉不出端倪。但是后来蒋方舟也承认过，年少成名，的确承担了很大的压力，早熟有早熟的好，但是后知后觉，也未必会差到哪里去。

我们只是普通人，是芸芸众生中的一员，为什么不能顺其自然的成长呢？你还这么年轻，可以犯错，可以改正，可以任性地生活，不必迫不及待地扮老，将自己湮没在茫茫抬不起脊背的中年人中。

今天你迫不及待变老，明天再无法返老还童，被你遗弃的好时光，永远也找不回来。

PART5

世界有多残酷，你就要有多努力

有的时候，命运给你重重的创伤，也许只是为了让你活得独一无二。

喜欢的日子再落魄也是好日子

乍一听到Z先生辞职学画画的消息时，我的第一反应是“现在的八卦真是越来越离谱了”，而当这个消息得到Z先生的亲口证实时，我的震惊程度大家还是可以想象一二的：今天肯定是我起床的方式不对，今天的太阳是要从西边升起了吗？

Z先生在我印象中，一直是一个稳重靠谱的男人，这一点在他的少年时代就可以看出端倪，在别人还在为未来迷茫的时候，他就已经规划好了自己的人生：家境普通的他决定报考金融专业，然后找一份稳定的高薪工作。之后，他就一直朝着这个目标奋斗着，没有一般少年人的朝三暮四、三分钟热度，说他是少年老成也是不为过的。功夫不负有心人，后来他也的确过上了自己想要的生活。虽然有些普通，但不妨作为一部导向正确的人生奋斗史。

就在我以为他会沿着这条路不偏不倚地奋斗下去的时候，他却突然来了一个大转折，我想不惊讶都难，毕竟在我的印象中，Z先生连一件出格的事情都没有做过，难道是因为青春期晚到了？

特地跑到重庆去看他，一大早，他却已经端了条小马扎在小巷深处，坐在画板面前涂涂画画。朝阳初升，柔和的光线洒在他身上，安静，却蓦然地赋予了他一种神秘的力量，让我有点不敢直视。这样的Z先生，跟曾经的他相比，给人一种判若两人的感觉。以前他虽然温文尔雅，但是侃侃而谈时的锋芒毕露，谁都能看出他是个“人物”。但是如今他安静地坐在城市的一个角落里画画，低调而内敛，头上的一顶鸭舌帽为他平添了几分年轻。

他画得太过专注，我不忍心打搅他，就在一边等着，看他小心翼翼地上完了色，画得有些粗糙，完全比不上专业出身的精妙，但是从他看待画卷的眼神就知道，他是真心喜欢画画的。

早就知道我会过去的Z先生一点都不意外，随意指了指边上的石阶让我坐下，我入乡随俗，问他：“怎么突然想要画画了？真的考虑好改行了吗？”

虽然对于艺术之类的东西并不是抱着“玩物丧志”的消极心理，但是我一直认为首先要保证的就是物质生活，光谈理想，跟空中楼阁没有什么区别，所以一直觉得，画画之类的事情可以用来作为兴趣，陶冶情操，但是辞职为了画画，就有些不理智了。更让我措手不及的是，做出这样不理智的事情的，竟然是一向以理智著称的Z先生。

他点头：“考虑了很久，想过了很多，为了这件事都失眠了将近半个月了，但是我还是决定要拼一把。如果再不疯狂，都要老了。人这辈子，总要做一两件自己喜欢的事情，才不枉费了此生。”

我听完了Z先生的整个故事。原来，画画从小就是他的兴趣爱好，但是学画画的成本太高，他又不是那种天赋异禀的孩子，Z先生心里也知道家庭条件不允许他学这个。于是，他就干脆收了心思，将目标放在所有人都很看好的专业上。

但人的爱好有差异，甲之蜜糖，乙之砒霜，Z先生虽然在自己的领域做得不错，却一直难以提起精神来，每天都在重复着枯燥的工作，就算是再高的薪水，也很难将他的心情提升至相应的高度。Z先生终于开始怀疑，自己选择的路，是不是像亲朋好友说的那般明智。毕竟风光都是外人看起来的，而其中的坎坷，也唯有自知了。

虽然有点儿晚，但Z先生还是义无反顾地选择了辞职学画画。其实以他的理智，未必想不到可能终其一生，在画画这一块都不会有所成就，至少薪水绝对比不上曾经的工作。但是就像他说的那样，曾经工作的日子，没有哪一天比得上现在的快乐。虽然他几乎将大部分的积蓄都给了家里，仅剩的一部分也用来买了材料，用少之又少的钱来维系生活，不得不缩衣节食，但他的快乐，却是由内到外、不带任何杂质的。

Z先生身上的真诚，让我虽然不赞同他的冲动，却依旧忍不住心生艳羡与支持。或许是因为他的生活状态正是我所向往的，只是我没有他挣脱一切束缚的勇气，所以一直在尘世中浮沉才会忍不住有这种“千金难买我愿意”的感觉吧。

有人将这样一种状态叫做“回归本真”，就像“返璞归真”的成语一样，在种种利益涂抹、纠葛的缠绕之后，还能够不忘初心，明白自己真正想要的是什么，不畏艰险与世俗的指控，坚定不移地走上了这一条路，这样的心境，其实与朝圣者类似，总是能够在纷繁的尘世里保留一颗赤子之心。当别人为柴米油盐酱醋茶争吵的时候，他们却依旧保持着嘴角的笑容，因为这样的困难，对他们来说却算不上是什么困难。

难怪有人说“不忘初心，方得始终”，也许说的就是这个道理吧。虽然依旧是功不成名不就，但追求自己喜欢的事情，就是人一生最好的状态了，还有什么好奢求的呢？人们有太多的烦恼，大概就是因为本末倒置了吧。

去大理、丽江的时候，经常能够看到流浪的艺人，在街头巷尾旁若无人地弹唱，游客多的时候听众也多，而旅游淡季的时候，大半天才有人驻足围观，甚至围观的人可能不是为了听他的音乐，只是为了看个热闹。

在丽江时，我住青旅，与住在同一个客栈的流浪歌手攀谈过。他的头发留得很长，显得艺术又颓废，就连嗓音都带着浓重的沧桑，我听说之前他也是一个北漂白领，如今已经流浪了半个中国，下一站就是拉萨。

“现在你这么风尘仆仆，难道会比在北京轻松吗？”至少北京能够给他保障，而现在的旅途中，甚至上顿不接下顿，唱的时间太长，尤其是在一些气候干燥的城市，嗓子都是哑的。

他笑着回答我，油腻的头发甩出一个满不在乎的弧度："不同的人对生活有不同的追求吧。有时候我们随大流习惯了，就会忘记自己原来喜欢的到底是什么样的生活。其实等搞清楚自己真正追求的是什么了，就会明白，只要你喜欢，再落魄，都是最好的。"

有时候那些家财万贯、富可敌国的人未必是生活得最好的，资产富足却生活在深深焦虑中的人也层出不穷，因为他们开始思考：人生的意义是什么？这些钱对我又有什么用呢？想不出一个所以然的时候，自然就陷入了更深层的痛苦之中了。

与其因为无所谓的事情痛苦，不如一开始就过自己想要的生活，因为你喜欢的日子，再落魄都是好日子，更何况，这个"落魄"也只是对别人而言，当他人看不见你生命中的光芒，自然也只能看到捉襟见肘的落魄，但你知道，这段日子对你而言，却是不可复制的财富。也不要担心醒悟得太晚，来不及过自己想要的生活。要知道，如果人生是倒数的，你过了一天喜欢的日子，那就赚了一天好日子。

我所理解的生活就是做着自己喜欢的事情，养活自己，养活家人。生活不是攀爬高山，也不是深潜海沟，它只是在一张标配的床上睡出你的身形。我所理解的生活就是和自己喜欢的一切在一起——韩寒《我所理解的生活》

千万不要高估你在别人心里的位置

伊丽莎白小姐一直如她的名字一样，是一个强势高傲的姑娘，在起自己的英文名时，不假思索地选择了“伊丽莎白”这个名字。当然，她家世好，长得漂亮，成绩不错，身边总会有一群追求者，也有不少女孩甘愿站在她身边当绿叶，优越感就是这样产生的。

众星捧月的生活终于在她读大学的时候结束了。伊丽莎白小姐考上了某名牌大学，面对的是来自全国各地同样优秀的学子，深入骨髓的好胜心让她越发好强，反而事事力求拔尖，在学生会等社团常常能够看到她活跃的身影，同时上课下课就拉着教授问问题。一年下来，到了评奖学金的时候，她的绩点是整个学院最高的，同时也当选上了学生会中层部长。

众所周知的是，每到学生会招新的时候，为了能够让大家尽快熟悉起来，每个部门都要出去聚餐。伊丽莎白小姐不差钱，大手一挥说是请各位吃饭，却忘记了新生中有一个伊斯兰教徒，特地说过不能吃猪肉。

到了聚餐的地点之后，伊斯兰教新生的不满直接表达出来：如果没有说过就算了，但是伊丽莎白小姐当时不是答应得好好的吗？怎么又临时变卦了？还是说根本没有将这些新生放在心上？

众人看伊丽莎白小姐的眼神有些微妙了。副部长打着圆场："要不大家就将就一下好了。"

"对啊，如果你不喜欢吃猪肉的话可以不要吃，也没有人强迫你。"伊丽莎白小姐一向不喜欢受委屈，还心直口快，心里想着什么就直接说了出来。一时间，场面就更加尴尬了。虽然聚餐活动是完成了，但很明显，大家交流得不是很愉快。好好的一次聚餐，最后是以沉闷的气氛收场。

伊丽莎白小姐也听到了一些流言，比如说，"那女人摆什么阔气，搞得好像多大的恩情一样，如果我们自己出钱自己选地方，说不定会吃得更好一些。"

"对啊，连这么简单的做人道理都不懂，真不明白她是怎么当上部长的。"

"嘘！这些话就不要四处说了，听说她跟主席的关系不错，谁知道有没有内幕。"

"……"

伊丽莎白小姐很是委屈，她不明白为什么自己的好意反而会给自己带来麻烦。她的想法也很简单，没有记住新生的喜好是她的失误，但是她每天都那么忙，不一定会将这么小的细节记住呀，为什么别人记住的都是她小小的失误而不是看到她请大家吃饭的善意呢？在她看来，既然是她出了钱出了力，别人就不应该有这么多的抱怨，而是应该知道感恩才对。

然后她将自己的委屈跟室友抱怨了一通，结果只收到了几个微妙的笑容，谁都没有为她说几句打抱不平的话。

伊丽莎白小姐突然明白，原来自己是被孤立了。骄傲的本性让她没有当场将脾气发出来，只是在事后找我哭诉："平时我虽然跟她们的关系都不是那么热络，但每到考试的时候都会把笔记之类的借给她们，给她们划重点，如果没有我的话，她们不挂科都是好的了，结果在我需要帮忙的时候，每个人都是一副'不要来打扰我'的表情，真的当我稀罕呢！"

我认识伊丽莎白小姐，所以知道，她为人是高冷了一些，但那也是自小养成的脾气与习惯，但她向来热情大方，不喜欢跟别人计较。其实在评选奖学金的时候，虽然伊丽莎白小姐毫无争议地拿了国奖，但嫉妒她的人还是不少，甚至也有过室友传她坏话被听到的，但她并不在意。

“你知道你为什么这么难过吗？”我问她。

“他们不应该这么对我，不管是学生会里的人，还是我的室友。”她擦干眼泪说，情绪终于平复了不少。

“你觉得他们不应该这么对你，但他们还是这么对你了。你知道真正的原因出在哪里吗？不是别人，而是你自己。因为你不能掌控别人的想法，能改变的只有你自己，因为别人做的事情跟你想的不一样就生气，才是最无理取闹的事情。”

然后我给她讲了热播英剧《肥瑞的疯狂日记》里面的一个情节：当肥瑞发现男神离开了小镇，父母不愿管束她，朋友已经跟她闹翻的时候，她只能去找曾经告诉她可以随时过去的心理医生，结果心理医生将她拦在了门外，直白地告诉她：“每个人都有自己的生活，谁都不可能把你放在第一位，其实你没有你想象的那么重要。而现在，我不得不告诉你，你已经打扰到别人的生活了。”

肥瑞震惊地站在那里，久久地回不过神来，在她看来，自己站在一个受害者的位置上，她认识的人就应该理所当然地去安慰她，没想到在不知不觉的时候，她已经成为了别人心目中的“碧池”。

“亲爱的，这个道理对你也是适用的，你觉得凭你的外貌和才华，每个人都应该买账才对，但事实上，就是有人不买你的账。这个时候，与其抱怨别人为什么这么无情无义，不如先将自己的心态放平吧，有时候，只是你把自己的价值无限高估了而已，但可能对别人来说，你只是一个比路人重要一点点的人。”我给她来了一个总结。

听完我的论调，伊丽莎白小姐觉得不可接受，她很快找到了漏洞：“你说得不对，肥瑞身上没有我拥有的优点，甚至连被所有人孤立，都是她自找的，怎么可以跟我相提并论呢？而当我找你诉苦的时候，你不是没有将我拒之门外吗？”

我笑着回答她，“你怎么知道我愿意听你诉苦，是因为你对我来说很重要吗？其实被吐槽了满满的负能量，我也会不高兴的，只是碍于情面听你说完，但未必每个人都会有我这样的耐心。知道我跟你说《肥瑞的疯狂日记》的原因吗？也许只是因为我不想继续这样被你骚扰，你也已经长大了，不应该这么自以为是了。”

伊丽莎白小姐没有听我说完就气冲冲地走了。我没有像许多电视剧里演的一样戏剧化地追上去，而是等她自己慢慢冷静下来想清楚。“你高估了自己在别人心中的位置”这个道理必然是要在冷处理之后才会明白的，没有人可以否认伊丽莎白小姐的优秀，但这不是她能够在别人心中举足轻重的理由，因为没有人有这样的义务去处处顾及你的心情与感受。如果就因为发现自己没有想象的那么重要而寻死觅活，也未免也太脆弱了一点。

我相信伊丽莎白小姐会想清楚这一点的。

很多品质可能让你成为这个世界上独一无二的人，甚至会让你觉得自己优秀得无人可及，但是对于他人来说，这不是最重要的，他们只是你的陌生人，你的优秀与他人无关，怎么可能将你放在至关重要的地位呢？即便有人愿意将你捧在天上，也未必是因为你在他们心中是那样至高无上的存在，或许只是为了利益。在麻烦其他人之前，在做错事情却觉得委屈之前，不妨想一想自己的定位，那样也许会少走很多弯路。

千万不要高估你在别人心中的位置，少一点故作矜持的骄傲，就会多一点宽容与理解，甚至会比你身上耀眼的光芒更容易让人接受。

如果，你只记得他带给你的苦……

闺蜜小宁同热恋中的男朋友分手之后，约我一起逛街，我听说失恋的女人最需要安慰，当然赶紧同意了，就担心她做出什么傻事来。但是一见小宁，我就懵了，她的笑容灿烂，根本看不出一个为情所伤姑娘该有的样子。

我大为惊奇，之前他们两人的感情很好，而小宁对男友也一直表现出深深的眷恋，这次又是男方提出的分手，小宁不是那种故作坚强的女孩，怎么看她一点难过的意思都没有呢？这样想着，我也就随口问了出来。

“他刚提出分手的时候，我是真的不知道该怎么办，然后上网查了查攻略，有人说，不要继续想着这个男人有多好，而是想一想他有多渣，平时约会迟到、不体贴、从来不知道该让着我一些、分手另寻新欢，这些都足以让他变成一个渣男了。对于这样一个人，我还有什么值得眷恋的？”小宁摊摊手，一副没什么大不了的样子。

我目瞪口呆，原来，这个世界上真的有这么自欺欺人的疗伤方法。要知道，小宁与她男朋友在一起那会，常常会跟我夸他是“天下最好的男人”“体贴温柔”“男神级别的暖男”，听着就让我发酸。但是一分手，就将对方的“十宗罪”一一列举出来，曾经的一个小小瑕疵被无限放大，成为了永远不能被原谅的理由。虽然不喜欢揭人伤疤，我还是忍不住问她：“这么想，真的会让你的心里好受一些吗？”

小宁沉默了许久，才突然用力摇头，脸上的笑容也淡了下去：“虽然他的离开已经不会让我感到那么难过了，但奇怪的是，我就是觉得特别不值，真的高兴不起来。”

其实小宁这种反应是正常的。

为了疗伤，她一直在心里细数着前男朋友的种种毛病，完全无视了曾经他带给她的温暖与感动。日子一久，她的确可以遗忘他曾经给她带来的快乐，只记得两个人在一起时的种种痛苦，然后愈发觉得跟这样的人分手也只有好处没有坏处。这的确是帮助姑娘们忘记情殇、脱离苦海的好方法，可为什么会有这么严重的后遗症呢？

并不难理解，当你只记得他的坏处之后，他就完全变成了一个“渣男”，而你与他在一起那么长时间，不就是将自己的大好时光浪费在了一个渣男身上吗？就算你成功地从感情的痛苦中解脱出来，却未必能够开心到哪里去，其实就是这样的原因。

难怪在许多论坛上都能够看到这样的帖子，“扒一扒曾经带给自己伤害的极品前任”，“当初真是瞎了眼，才会看上……”如此之类层出不穷，仿佛这个世界已经被渣男绿茶给占领了，见得多了，就忍不住怀疑这个世界上到底有没有真正纯粹的感情。

一直觉得，将所有过错归咎在一个人身上是没有什么用的，毕竟天底下，只是因为单方的一厢情愿而在一起的情侣很少，就算曾经犯过傻，那也是两个人一起犯的傻。一味地指责对方，不仅会让对方觉得厌烦，恐怕连自己都会觉得疲惫的吧，原本优雅惬意的时光，就硬生生地改写成为了苦涩的回忆。

如果在吵架的时候想到的第一句话就是“当初我真是瞎了眼才会看上你……”或者是在自己的朋友失恋时，第一句劝慰的话就是“亲爱的，你应该感谢上天让你甩掉了这个渣男，他有什么好的”，我想，你需要更改一下自己的策略了，平白无故的抱怨既不能挽回失去的心，也不能让你变得更好，只会让你显得刻薄与不近人情。

为什么一定要将美好的回忆变成互相埋怨、互相责怪、互相争执的场面，才能真正将自己从过去的一段感情里解脱出来呢？

当然，从心理学的角度来说，这还是很好理解的。人往高处走，没有人希望自己的感情一段比 段不如意，如果将过去粉饰成灰色，后面自然会显得甜蜜许多。而且，将前任的角色抹黑一些，用来衬托自己的好，能够让自己的心里得到稍微的满足：毕竟错过最好的人的不是自己，而是他。

那不妨来讲另外一个故事，来证明这不是唯一的真理。

Mandy小姐前不久也与男朋友分手了，但她向来都是心软嘴也软的姑娘，在抱怨极品前任遍地的时代，她更愿意先找自己的原因。家里安排了相亲，对方也是一个挺不错的男人，只是之前没有放心思在感情方面，同样是年纪大了，就被家里逼出来相亲了，不过要求高，一直没有遇上自己满意的。

两个人聊天的时候，Mandy小姐会说起以前的那段感情，还傻傻地说前任挺不错的，只是因为那时候她不懂得珍惜结果错过了。

她的闺蜜恨铁不成钢："哪有你这样去相亲的？这个时候你就应该好好夸夸自己，用那个渣男的负面形象来衬托自己的贤良淑德，而且你这么说的话，他会以为你放不下过去，没有心思跟他过日子，很容易把好男人吓跑的。"

就在大家以为他们肯定没戏的时候，男方主动联系了Mandy小姐，各种约会，然后步入了婚姻殿堂。问起男人为什么，他说："从她对待前任的态度，就可以看出她是一个特别宽容心善的姑娘，这样的女孩，我当然要先下手为强啦!"

一直到现在，他们都生活得很好。

原来一味地抱怨和诋毁真的解决不了什么问题，只能将小小的瑕疵无限放大而已，倒不如想想，曾经不容辜负的青春年华，原来有那么甜蜜的回忆，即使今后的路没有那么好走，至少可以在闲暇时光里，找出来翻晒翻晒，也是一段似水柔情啊！你会发现，原来前任的面目，也不是自己想象的那样丑陋，他的绅士，其实就是当初自己的美好。

放过前任，也放过自己。

亲爱的姑娘，如果有一天，你的感情没有那么顺遂，如果有一天，一段美好的感情不得不走向结束，希望你记住的不仅仅是他的毛病，挂在嘴边的不仅仅是他的过失，没有必要用他的极品来衬托自己的委屈，有时候各让一步，能够带给你的，不仅是往昔美好的回忆，还有对自己的负责。

没有必要一直虚张声势，为自己的委屈找到一个完美的理由，有时候你对待前任的态度，折射出的是一个小小的自己。正如宫崎骏的动画电影《幽灵公主》中说：不管你曾经被伤害得有多深，总会有一个人的出现，让你原谅之前生活对你所有的刁难。所以，停止抱怨吧，亲爱的姑娘，因为美好的人，就在不远的未来等着你。

不管你曾经被伤害得有多深，总会有一个人的出现，让你原谅之前生活对你所有的刁难。——宫崎骏·《幽灵公主》

最坏的自己总是呈现给最亲的人

有那么一段时间，我陷入了深度失眠状态，辞掉工作回老家休养。因为本人对药物有着极深的抗拒心理，所以没有出现许多小说中吞安眠药的情况，只是听从了心理医生的建议，暂时将工作上的事情放一放，出现这样的问题是因为心理压力太大了。

回家的时候爸爸妈妈没有细问，只是不停地说："回来就好，回来就好。"连忙整理房间，做一桌子的菜，像是供祖宗一样将我给供起来。

我知道他们向来都是不赞同我去北京的，大城市的压力太大，更有一些在那边呆过的兄弟姐妹夸张化的形容，让他们对帝都的生活环境充满了怀疑。他们从小宠着我长大，自然不想让我去受那么多的委屈，在我毕业的时候就已经给我安排好了工作。

但是我从小就是一个很有主意的人，想着如果不出去闯一闯，实在对不起我一身本事，然后风风火火来到了帝都。住的是机场边上由单位安排的小出租屋，工作要绕好几条地铁线，忙的时候没有时间做饭，而周围是没有饭馆的。那时候我还在兼职写作，更是将时间排得满满当当的。明明很累，却睡不着觉，脑海里的各种思绪翻滚着，随着夜班飞机的起飞发出隆隆的声音。

回到家之后，仿佛生活倒退了几年，我还是那个无忧无虑的小公主，今天要吃什么菜，晚上要不要出去走一走，都会先问我的意见。懒洋洋地往床上一躺，果然感觉整个人轻松了许多，但街坊之间难免会有一些风言风语，明明已经毕业了，回来闲在家里是要当啃老族吗？听了这些流言之后就准备重新在老家这边找一份工作，结果被爸妈阻止了。

“你们该不会真的想让我当啃老族吧？”我开玩笑地说。

我爸沉默着点了一支烟，突然说：“你的病我们都知道了，在家好好休息着，我们都养了你二十几年来，还养不起你吗？”

原来我刻意想要瞒着他们，他们却早就辗转从亲戚朋友那里打听到了事情的起因。只是怕我难过，一直假装不知道而已。

此时，我一直压抑着的眼泪终于落了下来。

人前，我就是女强人一样的存在，待人宽和有理，却也有一定的强势，别说是流泪，就是一些感性的电影都不会去看的，就是为了塑造一个足够理性的形象，提出辞呈的时候，我依旧保持着合适的微笑。但熟悉我的人都知道，曾经我有一个外号叫做“爱哭鬼”，为了让爸爸妈妈满足我的任性，我总是号啕大哭，用力地挤出几滴眼泪，这时候，他们就拿我没辙了，只好尽可能地满足我任性的要求。

长大后已经很少哭了，但是这次在他们面前，我终于忍不住哭了出来。当我得知他们已经知道我的病情时，我有一种如释重负的感觉。

你知道，在最亲的人面前，你总是能够卸下自己最厚重的伪装。

虽然辞职离开，但依旧没有放弃写作，为了赶稿子依旧恨不得拼尽一条命，这也导致我的失眠症没能得到有效的缓解，情绪越发暴躁。但是这些脾气，都是不会对外人发的，写作圈更新的速度太快，如果你不坚持下去，很快就会有人顶替你的位置。

于是这些不如意就发泄在了家里。一个不顺心就大声嚷嚷，恨不得摔碗砸盆，活脱脱的泼妇模样。其实哪里有那么多的不顺心，只是自己给自己的坏脾气找一个发泄口罢了，比如说今天的酸菜鱼味道不对，比如说今天天气不好让我怎么出门……都是一些鸡毛蒜皮的小事，跟我在外面受到的委屈比起来根本不值一提，但是我偏偏就将这些小事当做了发作的理由。

也许每一个人，只有在真正宠爱自己的人面前，才会表现出无理取闹、蛮不讲理的弱点吧，在陌生人面前，我们总是想要表现出得体完美，虽然事实并不是如此。

前段时间流行一个词，叫做“不洗头之交”，意思就是真正的朋友约你出去，你是不会拾掇几个小时，将自己整得十全十美的。真正的友情，无视邋邋遢遢，能够一起大哭大笑，也就是对方能够接受任何状态的自己。于是，“不洗头的时候能不能以平常心见面”就成为了检验友情深厚的标准。

这个道理对于会不会发脾气也是一样的。在家住了几个礼拜，妈妈就受够了我的脾气，在我的另外一场脾气之后直接撂下碗筷：“是你自己想要继续写稿子，我们没逼着你，结果一写把整个人写成这样子，谁受得了你？你自己爱吃不吃，不高兴的话自己搬出去住。”

我被她的话刺得难过，却知道是自己太过分了，考虑了很久之后，决定要停笔一段时间。就像心理医生说的那样，只有将身心都放松下来，治疗效果才是最好的，写稿子时的不稳定，会成为最大的阻碍。

我把我的决定告诉妈妈之后，她惊讶了半天，也许是没想到我会放弃自己这么喜欢的事情吧。惊讶之后她就笑了，像小时候一样摸摸我的头发：“早上的时候是妈妈太激动了，你别放在心上。我觉得如果你可以做自己喜欢的事情的话，对恢复健康也有帮助的，就是以后少赶一点稿子，想写多少就写多少，不要勉强自己了。”

于是到最后我也没有真正停过笔，这条路算是真正坚持了下来。后来想过，如果不是妈妈一边嫌弃我的脾气又一边支持我做的事情，或许我也会因此放弃吧。

现在离我最失意的时候已经过去了挺长时间。失眠症也逐渐好转，然后找了一份轻松且稳定的工作，可以留下一些时间写稿子。但其实还是那个脾气，在外人面前发不起的脾气，总是能够在父母面前发泄出来，因为我们打心眼儿里明白，无论我们吵过几次架，他们都是我们最亲的人，再生气，也依旧会重归于好。

最坏的自己总是呈现给最亲的人。未必是故意伤害，只是我们都不像外表看起来那样风度翩翩，人的好与坏总是持平的，我们想要表现得越完美，其实内里就积攒了同等的怨气，这样一来，就只好对那些真正关爱我们的人发泄了。

电影《爱情故事》中有这样一句经典台词：爱，就是永远也用不着说对不起。这就是我们与亲人的关系，哪怕总在无意中伤害他们，他们却一直对我们保持着宽容与爱。所以，无论何时，不要忘了给那些我们最亲的人多一些爱，因为他们，未必是好脾气，却宽容地承受了我们最坏的一面。

爱，就是永远也用不着说对不起。——《爱情故事》

真正在乎你的人永远不会被人抢走

女孩思思分手的时候痛哭了许多天，连着好几天精神萎靡，连关系最好的闺蜜约她出门逛街都拒绝了。曾经两个人有多么甜蜜，现在这段感情对她的伤害就有多深。

这是她的初恋，两个人是从高中一起走过来的，大学的时候又考到了同一个城市，其间分分合合，也闹过矛盾，但是不管出现了什么问题，男朋友总会第一时间出来跟她道歉，能够磨合的问题也都解决了。就像偶像剧里面通常会说的那样："所有的争吵都是因为你错了，我是不会错的。如果我真的做错了，请参见第一条。"

这么好的优质男人，思思觉得是自己赚了大便宜。她以为两个人的关系就会这样维持下去，已经走过了那么多风风雨雨，他们怎么可能走不到最后？她一直如此笃定，甚至已经计划好毕业之后就结婚了。

六年时光，难道两个人的感情真的抵不过七年之痒吗？思思很迷茫，为了能够挽回这段感情，她也付出了许多，自己的工作请了假，天天跑到前男友的公司去请求复合。一个分手闹得人尽皆知，满城风雨，但结果却不尽如人意，除了前男友脸上越来越冷淡的表情，思思自己也知道，他们肯定是回不去了。

感情受伤的姑娘第一个怀疑的不是对方还爱不爱自己，而是怀疑对方是不是有了别人。毕竟那么深的感情，两个人也已经磨合了这么长时间，如果不是第三者，还能是什么呢？

思思也不例外，在找前男友质问的时候，怀疑的眼神就扫过了在场的所有女性，甚至连不小心爬过去的女蜘蛛都不幸成为了思思的怀疑对象："如果你喜欢上了别人，直接跟我说就好了，我以后一定不会再骚扰你，为什么要这样对我呢？"这话也是有技巧的，思思一直以为，对方是想要保护另外一个女孩，所以没有将女孩的身份曝光，她想要知道女孩的身份，想要比较一下她是不是不如那个姑娘，所以故意想让他坦白。

可是前男友除了一句"无理取闹"之外，就不再搭理她，任各种各样的眼神落在思思身上，如芒在背。思思自然是感受到了浓浓的侮辱，曾经她也是一个骄傲的姑娘，怎么愿意像泼妇一样在他的公司大吵大闹呢？其实也不过是不甘心罢了。

思思不愿意就这么放手，她还是留有一点侥幸，以为只要能够知道那个"狐狸精"是谁，就能够挽回一颗远去的心。而当她第二次来到前男友公司时，之前矢口否认没有出轨的前男友却搂着一个姑娘出现了，姑娘一脸冷淡地看着她，没有一点防备与敌意，但是胜利者的姿势，是毋庸置疑的。

前男友跟她介绍:“这个就是我的女朋友，你不是一直怀疑我喜欢上别人了嘛？现在如意了吧？”

思思终于落魄的离开。疗伤用了很长时间，也终于从这一段情殇里走了出来，但心里依旧耿耿于怀。后来思思成功地找到一个比前男友好一万倍的男人，她的想法也非常简单，曾经那个男人深深地伤害过她，她也想要在他面前秀一把恩爱，以证明他的眼光是多么的差，而自己又是多么的幸运。

再去前男友公司的时候，思思才发现，他早就离职了，正要离开，却发现前男友的“女友”朝自己走了过来。难道是两个人分手了？不可否认的是，思思的心里闪过一丝窃喜。

“小姐，你好，你还记得我吗？”思思走上前去，“你男朋友……”

女孩朝她笑了笑：“我当然记得你。放心吧，我跟我男朋友感情很好，不过我的男朋友并不是你想的那个。你的前男朋友跟我只是同事关系，那次是他让我帮忙拒绝一下你。我们公司里的人都知道，他至始至终都只有过你一个女朋友。当然啦，这是指他还在公司的时候，后面怎么样，我也不知道了。”

思思目瞪口呆，甚至不知道该说些什么来回应女孩。难道应该怪她联合那个男人欺骗自己的感情？这样的傻事，思思是做不出来了，她甚至不想再呆一秒钟，来面对女孩眼中的怜悯。她是身在局中的人，所以才会如此狼狈不堪，忘记了保持一丝理智。

应该责怪前男友不把真相告诉自己，还是应该感谢他终于给了她一个放手的理由？她不知道。原来至始至终，都是她一个人想要一个“合情合理”的解释，如她所愿，他就给了她这样一个解释。

思思也终于明白了这样一个道理：真正爱你的人是不会被抢走的。所有的离开，其实都不过是因为不爱了而已，将所有的过错推在其他人身上，才是最大的无辜与无聊。当然，这里无辜的是那些躺枪被怀疑的人，无聊的是她自己可笑且可悲的想法。

似乎所有的感情都是这样，天涯上类似的感情帖也是层出不穷，如果出了什么风波，人们的第一反应就是怀疑客观环境出了什么问题，而不是首先反思感情本身。他们理所当然地认为，本来就是这么深的感情，如果不是有别的原因，怎么可能会就这么随风消逝了呢？但事实上，随风而逝、逐渐淡薄才是感情的本质，如果真的守不住，想必更大的原因不是来自外界的诱惑，而是因为它本身就没有那么可靠。

经常会看到这样一个问题：到底要不要看自己爱人的手机？有人这样回答，不要看了。因为如果发现了什么猫腻的话，是对方对不起你，但是如果你什么都没有发现，就成了你对不起对方。这样脆弱的感情，在你开始怀疑的时候就已经不堪一击了，不如早日分手。

与其疑神疑鬼，不如全心全意地信任，至少，哪怕未来这段感情不能走远，你也没有辜负过最好的时光，你对得起自己的付出，也做到了痴心不负。世间的确有许多的遗憾与不能圆满的感情，但真正不能圆满的，其实是人的心。

所以，如果你曾经被深深地伤害，不要悲伤，不要哭泣，要知道，那个人只是不像他/她看起来那样爱你。而一个没有那么爱你的人离开，是不值得你如此伤心的。这个时候，你只需要一个更加温暖的拥抱。

亲爱的，你不必为了谁而改变，如果要成为更好的人，请为了自己。真正爱你的人会一直爱你，无论怎样的你。——几米

别怕生命有裂缝，阳光从此照耀进来

第四季的中国好声音给我印象最深的就是一个叫童予硕的男生，因为疤痕体质整过容，面目全非，完全看不出曾经那个阳光少年的模样。对他印象最深，并不是因为喝下了“中国好感动”这碗鸡汤，而是因为我身边有一个朋友，与他一样，也是疤痕体质。

他叫阿和，因为与众不同，让他经历了一段异常煎熬的时光。

其实最初阿和并没有什么特别的，直到初二那年，做了一个小小的良性肿瘤手术，以为术后一切都会恢复正常，不曾想动过手术的地方高高地隆起了一块，比原来的皮肤肿瘤还要可怕，在他的胳膊上尤为显眼。

阿和去了医院复查，才知道自己是疤痕体质。医生安慰他：“其实也并非很罕见，一百个人里面总会有那么一两个的吧。而且只要伤得不深，就不会有很大的影响。”

但是在阿和的小圈子里，只有他一个疤痕体质的人。他也终于明白，原来厄运从来不是概率事件，它的概率只有0和1，该不是你的就不是你的，但是当它降临在你身上时，是永远躲不过去的。

阿和是个男生，本来对于一块伤疤并不在意，然而当他意识到人们的目光才是最可怕的之后，还是尽量在夏天穿上长袖汗衫，为的就是不会被人当作异类。

一年盛夏，正值高温，阿和正在球场打篮球，大汗淋漓之后，下意识地将袖子卷起来，几个在外围围观的女生看见了，就咋咋呼呼地喊：“快看，他的手臂好可怕!”

来自陌生人的目光瞬间聚焦在阿和身上，确切地说，是他那条动过手术、如今因为疤痕体质有一块明显突起的胳膊上，有探究，有恐惧，有厌恶，甚至熟悉他的朋友也因为大家的眼光而回避，仿佛想要通过这种方式表示自己跟这个“怪物”没有什么关系。

人在这种时候听觉反而会变得特别灵敏。

一个女孩悄悄地跟另外一个女孩咬着耳朵说：“你觉不觉得这个人像怪兽一样？真的好可怕啊。”明明是很小的声音，但是阿和却听到了。

等他长大之后，当然知道不管是最初惊叫的姑娘，还是后退了几步的兄弟，或者是说他像怪兽的女孩，都没有什么恶意，可能只是心直口快，可能只是不通人情，可能只想哗众取宠、博取目光而已……然而，青少年时期是最敏感的，对于阿和来说，这样的流言、这样的目光，都是生命不可承受之重。

第二天，阿和失踪了，他没来上学。他从小就是“别人家的孩子”的完美典范，老师的心头宝，成绩好，体育好，性格好，所以当这样一个少年出事的时候，所有人都懵了。大家第一反应就是：他一定是出事儿了。

后来，阿和的妈妈在一家黑网吧找到了他，他没有像网吧里面的小青年一样在游戏里厮杀得满眼通红，只是茫然地坐在椅子上，对着一片空白的电脑屏幕。

听说，他在这里发呆了许久。

阿和的妈妈是一个善解人意的女人，她虽然快急疯了，但没有打骂儿子，而是含着泪将他带回家。妈妈没有逼他回学校，而是买了许多DVD陪他看一场又一场的电影，比如《阿甘正传》《模仿游戏》《美丽心灵》等。

阿和呆呆地看着，整个人都不在状态，偶尔看到动情之处，他也会哭出声来，但很快便收敛了情绪。可能因为这道伤疤，阿和比同龄人更加成熟。

后来阿和转学去了另外一所学校，依旧是品学兼优，只是不再喜欢运动了。再后来，当阿和说起自己的伤疤时，人们不再会嘲笑他，只会礼貌地表示同情与鼓励。如今，他考上了某重点大学的医学院，虽然他知道，人的体质可能从一出生就已经注定，他能改变的，实在太少，但他依然想要做些什么，哪怕只是拯救一个与年少时候的他境遇相同的人。

阿和有一个本子，上面写满了那时与妈妈一起看励志电影时摘录的台词，里面有这样一句："有时候正是那些意想不到的人，能做出超乎想象的事情。"

有那么一阵，他看到励志电影就想吐，因为看得实在太多了，鸡汤太补也是有后遗症的，但是当他看到这句话的时候依旧想哭，因为那时候，他对自己的人生充满了怀疑，想着老天给了他那么多眷顾，或许只是为了跟他开一个天大的玩笑，然后当谜底揭开，谁都会笑掉大牙：大家都看好的少年，结果是一个怪物。这样的转折也足够戏剧化。他以为自己的人生就这么玩完，甚至在看着胳膊上的伤疤时，他也有过这样的怀疑，难道自己真的是一个怪物吗？

值得庆幸的是，阿和成功地走出了阴影。当然，他的疤痕体质没有改变，以前没有，现在没有，将来可能也无法改变，但最重要的从来都是心灵疤痕的愈合。他也终于明白，有的时候，命运给你重重的创伤，也许只是为了让你活得独一无二。

就像《模仿游戏》里的阿兰·图灵，那个时代还不能接受一个同性恋，也不能接受一个太过特立独行的人，但是就是这样一个有着致命缺憾的人，发明了第一台计算机，破译了所有人束手无策的密码；就像《美丽心灵》里的约翰·纳什，一个严重的精神分裂症患者，如果他讲出自己的经历，即便不知道他的病情，也会被嘲笑是妄想症重症患者，但他也凭借着博弈论获得了诺贝尔经济学奖……如果要将他们一一例举的话，恐怕再来个几万字也未必能够说完。

命运无常，很多人生来并不完美，但他们挺了过来，变得更加坚强。生命的裂缝没有让他们跌入深渊，而是让阳光从此照进生命，灿灿发光。

如果只看见生命中的裂缝，往往会忽视那一束耀眼的阳光。不仅无法弥补那无法治愈的裂痕，更遗憾的是错过了那独一无二的阳光。

如果你身上也有伤痕，如果你也曾或正在经受相同的命运，别害怕，别放弃，属于你的那道阳光一定会到来。

有时候我们总要历经伤痛，才能感受别人无法理解的人生，才会明白，真正的阳光有多么温暖。

听过这样一句话："不要害怕阴影，因为阳光就在你身后照射过来。"生活就是这样，牙再大，也要笑，因为笑起来的时候，阳光就照进了你的生命。

人生的悲苦就在于，与得失纠缠不休

见过许多人愁眉苦脸，倒不是因为天生怨天尤人，而是他们付出了努力，却没有得到自己想要的结果，这样一来，就连抱怨都显得振振有词了，在别人有心规劝看开一些的时候，总会有“博学多才”的人“合情合理”地反驳：“不是说好了天道酬勤的吗？谁都不是傻子，要求回报难道不是人之常情吗？如果没有回报，我为什么还要这么努力？结果现在骗了我的心血，又弄出一副我们享受了这个过程，简直就是无耻之极。”

听到这些人的说法，总是觉得难以反驳，不是觉得他们说得太有道理，而是认为能够给自己的贪婪冠上如此冠冕堂皇的理由，难免让人不敢去说些什么，以免给自己招来太多的麻烦。

有个编辑朋友跟我诉过苦，说是现在的作者都太心急了，每天都在不停地问“终审结果出了吗？”“我的稿子排上了吗？”“为什么我看到这篇稿子不怎么样还是照样排上了但是我的却没有排上？”

朋友每天被这些千篇一律的问题扰得不胜其烦，恨不得分分钟撂挑子不干。其实出结果的时间也就那么两天，可是依旧会有人经不起等待，提出种种疑问，甚至是质疑。可是在朋友看来，在他们抱怨为什么稿子不能过审、别人的稿子并没有那么优秀的时候，他们完全有时间写出一篇更好的稿子来了。

“有个姑娘问我，为什么她觉得自己的稿子要比另外一个大神优秀得多，但是大神的稿费却要比她高，觉得不公平，这很明显就是在刷人气。我其实很想坦白告诉她，你要是有名气也给你那么高的稿费。”朋友这样跟我吐槽。

“有人气就有粉丝，有粉丝就有钱赚，这么简单的道理他们就是不懂。再说了，你一个新人凭什么？”朋友被气得不行。

我知道在每一行都会有“刷脸”的惯例，当然，这里的刷脸不是说你长得帅或者是长得美，而是看脸熟程度。别说是在中国这样一个熟人模式的社会，就是在国外，行内的熟脸自然要比外行人更招人喜欢一些。但也是因为这个原因，总是会招来不少诟病，尤其是有人“红眼病”犯了的时候：“其实写得很一般嘛，他早就已经江郎才尽了，只是靠着粉丝的力量才撑到现在的。”

对于这些人来讲，他们都忽略了一个很重要的问题：所有大神在刷名气之前刷的都是才华，他们也是一步步奋斗上来的，在成名之前，也曾经受过种种不平等的待遇。

人生是需要熬炼的，熬过来了，成功也就是水到渠成之事。可惜的是，很多人太心急，等不到开花的那一刻。

世间没有什么理所当然，凡事皆是水到渠成。

最可悲的是，人们被眼前的利益束缚得太深，当看不见某些蝇头小利的时候，就开始惶惶不可终日，脑海里翻滚过无数的假想敌，以为是命中注定或者是有谁无耻地窃取了自己的成功果实。当一个人整天无所事事，清算着自己付出的成本时，他已经丧失了最初做这件事的初衷，忘记了自己前进的动力。

有些事你计较的越多，得到的反而越少，况且就算你计较了，也未必能够得到一个好的结果。

范进中举的故事谁都不会陌生，一个失败了无数次的秀才，终于等到了姗姗来迟的“举人老爷”的名号，可是还没来得及享福，却在大喜大悲之下疯了，挺可笑的一个故事，读起来却有一种浓浓的悲哀，且不去批判旧时的科举制度，就说说如果范进不将“中举”这个结果看得太重，会不会有一个不一样的结局？

在计较得失之前，请先做好眼前的事情吧，否则将来的得失也与你无关。因为成功不是一蹴而就，所以才会使等待显得特别磨人。但是当你与得失纠缠不休的时候，才会开始真正的悲苦生涯。所以，无论何时，都不要忘了保持一颗笃定坦然的心。

所以要等，所以要忍，一直要到春天过去，到灿烂平息，到雷霆把他们轻轻放过，到幸福不请自来，才笃定，才坦然，才能在街头淡淡一笑。——韩松落·《我们的她们》

当你被世界同化，请记住最初的模样

从某种程度上来说，我是一个挺胆小的人，可能与我所处的教育环境有关，至少，有很多冒险的事情，我是不敢去做的，甚至连工作，都要选择最稳妥的那种。长大之后，也就成为了芸芸众生中的沧海一粟，湮没在人群里完全不见踪影。其实不是没有遗憾的，于是看到一些离经叛道的少年少女时，总是不免升起一些艳羡与祝福之情。

莘莘是我高中时的同桌，第一眼看到她觉得很乖巧，等你真正了解她之后，才会明白她个性中深藏的与众不同。

刚开始我不怎么喜欢她，老师让换位置的时候依旧是满脸的勉强，因为早就有她很难相处的传闻，性格多变，情绪容易激动，更确切地评价，就是这个姑娘有些“神经质”。也的确像他们说的，莘莘的我行我素，让我恨不得将课本摔在她脸上——可惜我猜就算我真这么做了，也只能收获她一个不屑的白眼——她是连记恨都不会的，只会给人一种深深的无力感。

是的，她会在化学课上旁若无人地画画，有时候不小心碰翻了颜料盒，斑驳的颜料染了一地，我表情复杂，站也不是，坐也不是，但对她来说，却只是一件小事："不好意思。不要着急，等一会儿它自己就干了，没事的。"她也会在物理课上睡觉，旁若无人的酣然入睡，起初班主任也是想管束她，可惜没有什么效果，也只好任她去了。

我不喜欢莘莘，最重要的原因就是她太过放肆，可是熟悉了她做事的节奏之后，我发现想要跟她和平共处也不是一件多么困难的事情。

有一个女生叫K，与莘莘的关系很差，当然，对于莘莘来说，可能每个人跟她的关系都不怎么样，但是对于K来说，莘莘绝对是她最讨厌的人，没有之一。跟莘莘有关的很多流言蜚语，都是从她那儿传出来的，简直就是"专注抹黑莘莘三十年"。

某天放学的时候，K被几个社会青年拦住，那时已经行人稀少，偶尔经过的路人无视一般走过，而我跟莘莘正好跟K也是同路的。对于社会青年，我发自内心感到恐惧，不准备上前凑热闹，但是走在我边上的莘莘，在我还没来得及拦住她的时候，一个健步冲了上去，显然这是要打抱不平。

因为莘莘的"武力值"本身比较高，所以那天并没有出什么事儿。但很明显，K不领莘莘的情，还嫌她太多管闲事。自问这样的事情发生在我身上，我绝对不会像莘莘一样一点犹豫都没有地冲过去的，更何况是K这样的人。于是我问她："你干嘛要管她？反正她也不会念你的情。”

莘莘无所谓地耸耸肩：“我只是见不得这样的事情而已，跟她个人没有太多的关系，又不是为了让她感谢我才这么做的，对得起自己的本心就好了。”这是我第一次在同龄人口中听到“要对得起本心”这样的话，让她整个人的档次都显得神圣了。

也就是从那时起，我第一次用看正常人的目光看待她，才发现原来她除了个性与众不同，还有一颗热血之心。因为不记仇，她对所有人都一视同仁，哪怕她看起来非常冷淡，哪怕你之前得罪过她，但有事情要她帮忙的时候，只要你开口，她就会尽力帮你。她常常会因为一些小事儿感动，一直信奉“从小的细节看出一个人的性格”的一套道理，也能够看到别人往往忽视的风景。

我终于明白为什么莘莘会遭到那么多排斥了，并不是她不够好，而是她的观念与绝大多数人格格不入，而她的生活态度是别人可能希冀过，却不可复制的。当我们嫉妒的时候，就会忍不住想要用诋毁破灭她身上自由的光芒。很遗憾的是，我们都失败了，因为有这样一种光芒，它深值于莘莘的心里，不死不灭，当我们刻薄的时候，照照镜子就能够看到自己鄙陋的嘴脸。

与莘莘的关系渐好，也终于明白了她几乎对所有人都如此冷淡的原因。

“只是不喜欢他们对我评头论足的态度而已，我是一个很怕麻烦的人，觉得如果关系不够好的话，大概就不会有这么多事情了吧。每个人有自己的生活观，我觉得不管是谁都不应该干涉别人太多。”

莘莘对文化课没有太大的兴趣，但她的兴趣爱好又确确实实比谁都要广泛。她邀请我去家里做客的时候，看到她房间里堆满了世界各地的照片；她也爱画画，角落里堆着一些废稿；还有几种乐器，她也都有涉猎。只是不想将自己禁锢起来，所以没有固定往哪一方面发展。

她去参加艺考的时候我一点都不奇怪，我奇怪的是她选择的竟然是播音主持，之前谁都没有看见她露过这一手。而出人意料却又在意料之中的是，她真的通过了中戏的提前招生考试。

时至今日，我还记得我们一起去看电影《中国合伙人》，回来的时候从银杏大道走过，金黄色的叶片落在她肩膀上，她回过头对我粲然一笑：“梦想是什么？梦想就是一种让你感到坚持就是幸福的东西！”她笑起来的时候，仿佛就有梦想花开的声音。

莘莘是我遇上的第一个与命运激流相抗、逆流直上的人，很难想象，到底是什么能够让她做出这样与世俗相悖的勇敢选择。毕竟，更多的人虽然羡慕与众不同的风光，却依旧畏惧“枪打出头鸟”“木秀于林，风必摧之”的困境。

遇见了莘莘，我才知道，原来这个世界真的不是一条流水线，不一定要生产出一个模子里刻出来的东西才算是成功，你可以活得更真实一些，也未必会比别人差。

当你被世界同化，其实这是一种最省心省力的方式了，因为只要随着大流走，只要被命运的手操纵着，你就可以轻而易举地到达终点，但是你同样会觉得莫名其妙，因为那到底不是你自己想要的人生。如果有一天，你被世界同化，也请记住最初的模样，那时候，你有着自己的信念，有着自己的理想，有着自己的生活方式，那时候，你还能在汹涌的激流中找到自己。

我希望，你永远都是最初的模样，因为，你的身上，有我最初的梦想。

PART6

全力以赴，别让你的人生留下遗憾

一定要在你能拼的时候好好地拼一把，相信你，绝对不会后悔这样的回忆。所有累成狗的坚持，最后都能让你笑成狗。

年少不努力，未来不给力

“现在不玩命，将来命玩你。现在不努力，未来不给力。”这是母校在高考前贴的标语，在朋友圈和QQ空间火了一把。大家纷纷转载点赞，曾经他们都是被老师折磨得死去活来的学生，但是回想起高中生涯的记忆，却忍不住露出会心的笑容。

我所在的中学是全市最严的学校，没有之一。老师上课速度很快，连语速都降不下来，好像一旦降低了语速，就会赶不上进度一样。每天都有做不完的作业，课间连吃零食的时间都没有，就算是有，班主任也会火眼金睛地看着，就怕零食的味道影响了其他人学习。没有晚自习，因为那段时间从来都是用来考试的，老师熬夜改试卷，第二天就要将排名弄出来，竞争压力可想而知。不是在卷子中沉默，就是在卷子中爆发，不是在分数中沉默，就是在分数中爆发——这两句，都是我们时常挂在嘴边的口头禅。

没错，在我上高中的时候，也是诅咒老师上学路上出点意外，来一场台风将学校卷走的学生之一。在那之前，我也是附近有名的乖乖女，好好做作业，尊敬老师，是每个老师眼中的“优乐美”。但是自从高考的压力袭面而来，我就坚持不住了，一身的反骨都给压了出来，能不做的作业尽量不做，能够睡的课一定要好好睡一觉，能够调侃的老师，一定会在课后跟大家好好八卦一番。

每天晚上，看到校外的灯火辉煌，一定是小吃街又开始人声鼎沸了，而我坐在考场上，只能一边想象着麻辣烫、羊肉串的味道，一边咬牙做卷子。难免会有心态失衡的时候，尤其是成绩从年级前十突然掉下一大截的时候，对于自觉学习的同学，老师一般会采取怀柔政策，他们一般不会批评我，只会揉揉我的脑袋，用开玩笑的语气说是什么原因导致的退步啊云云。

但是他们宽容的眼神在我看来就是一种讽刺，仿佛在隐约间跟我宣战：“之前考得那么好一定是因为运气好吧。结果你看，一出一点儿意外就把真实的水平暴露出来了。”

“就算是真的实力又能怎么样？这个时候你能发生意外，到高考时谁能保证你不出意外呢？我们要的是绝对的实力！”

但是我的情绪却不能跟其他人分享，就算是分享了，最多会被认为是矫情，只能在排名出来的那一天晚上在操场上痛哭一场，那时候下晚自习了，天很黑，没有人会注意到我流泪，最多在回宿舍的时候跟大家一起调侃：“又有一个被学校逼疯的疯子在操场上哭了呢！”

那就是我的高中生涯写照，不是故作文艺，那时我们的青春真的埋葬在了厚厚的卷子里。在我毕业的时候，卷子已经有一人多高。甚至有一段时间，我有了非常浓的厌学情绪，故意装病请假，就是为了能够从学校这个“监狱”里放生一段时间。

爸爸妈妈都对我很好，怕我学习太紧张营养跟不上，常常给我送来丰盛的午饭，牛奶更是一箱箱地买。在我“装病”在家的时候，他们都快急死了，天天做好吃的，然后劝我赶紧上医院去看看，说在家两天不知道要耽误多少功课呢。可是我不愿意去医院，一去医院，我装病的事情不就露馅了嘛？我就说去医院会让我感觉更头疼，还是静养着比较好吧。

因为临近高考，他们也希望我能够把情绪放平，不好强硬地要求我，所以一边为我担心的时候，一边给我打掩护请假，想必后面他们也知道我根本就没有什么病，只是不想去上学了。

这样的小日子虽然过得惬意，但是我的心中始终悬着一把刀，这把刀的名字叫做高考，在高考没有结束之前，它会永远存在，让我享受生活的同时也感觉到一根刺的存在。无聊的时候，就窝在沙发上看《全城高考》，因为各种各样的原因，主角们遭遇了不能参加高考的窘境，我听到他们大声喊：“我要参加高考！救救我吧！我一定要参加高考！”

他们撕心裂肺的喊声莫名地触动了我心中的某一点。是的，我还不想就这么放弃，我想要试一试，我遇到的麻烦甚至没有他们多，一直过不去的不是别的，还是我的内心。如果连一场高考都不敢拼一拼，我还有什么资格面对未来的考验呢？于是我回了学校，咬牙冲刺，最终考上了南方某重点大学。可能不是我最好的成绩，但是这就是我最后的成绩，我努力之后看到的结果。

后来回想起那段带着血泪的时光，已经没有那种咬牙的愤恨了，有的，只有满心的后怕和欣喜。怕的是还好我没有选择堕落，坚持了下来，喜的是当初我拼命的那一把，终于让我收获了灿烂的生活。

会在母校的贴吧看到很多学弟学妹抱怨为什么学校管得这么严，学习压力太大，真的快要撑不下去了，我常常会冒泡回帖，告诉他们：珍惜现在的每分每秒，珍惜你可以拼一把的少年时光，珍惜你现在可以用奋斗改变未来的机会。现在不抓紧高考的机会，等以后你还想再拼一把的时候，可能已经没有机会了。

你当然可以说，除了高考，你还有很多路可以走，不是叫做不拘一格降人才么？条条道路通罗马，谁都没有必要在高考这一块上死磕。但其实是有必要的，一场高考考验的不仅是你的成绩，还有你的心态，当你提前选择认输，谁能够保证你在别的路上不会因为遇到一点困难就认输呢？或许在这之后，你的成绩都已经无效，那些立体几何微积分的知识也直接抛到了脑后，但是这个时候你有这股拼劲，不管以后面对什么，都会有力量。而就是这股力量，支持你走到最后，走到一个灿烂的未来面前。

或许你就正处于这个时期，曾经的自由回忆和对未来的美好憧憬都无法将你从书海卷山中解救出来，能够解救你的，只剩下了你自己，你能坚持到哪一步，也许你的未来就在哪一步落脚。

当你早上天还没有完全亮的时候醒来，记得看看东边的天空，告诉自己希望一直都在；当你晚上复习到很晚的时候，也记得看看外面的天空，你会发现你窗台上透出的光很亮；当你心烦得想要掉眼泪的时候，给自己一个深呼吸，但是别忘了，我们在最后关头，需要更多的能量。

一定要在你能拼的时候好好地拼一把，相信你，绝对不会后悔这样的回忆。所有累成狗的坚持，最后都能让你笑成狗。

谁没在深夜痛哭，谁不曾怀疑人生

朋友小染已经做到创意总监的位置了，手下管着十几号人，身上干练的气质也越发明显了，她常常跟我吐槽：“现在的实习生都爱在背后叫我职场白骨精，说我把他们管得太严了，但事实上，这就是工作啊！”

小染跟我说起一个故事，这个故事差点就可以当成事故来讲了。实习生Cici刚刚从学校毕业，在工作上没有什么经验，不过挺熟悉人情世故，很快跟一个组里的人玩成一片。虽然在工作之余小染也挺欣赏Cici的为人，但她不怎么喜欢她的作品，太流俗了，没有做到真正的“创意”，哗众取宠的感觉有余，精致不足。

无论平时跟大家处得有多好，小染在工作上面一直贯彻一丝不苟的作风，不然也不会有“白骨精”这样的外号。对于不满意的作品，要么退回修改要么推翻重来，她对Cici也是这种态度。甚至因为看好Cici，所以要求会更高一些，但她没想到，因为自己的高要求闹出了一些事情来。

那段时间Cici跟男朋友商量着买房结婚，挺缺钱的，而小染公司所有通过审核被选用的作品，都会有一定的奖金。平时小染让Cici修改方案，她从没怨言，所以小染本人也没怎么注意这方面的细节，直到有一天，大BOSS突然打电话给她，怒火隔着电话都差点烧到了她："你平时怎么管人的？闹出这么大的事情来，看你怎么收场！你以为现在还是奴隶社会吗？"

小染被莫名其妙地臭骂一顿，摸不着头脑："到底发生了什么事儿？"

"还不知道什么事儿？赶紧回公司看看吧！"

那边BOSS气愤地挂了电话，小染正在外出差，还是公司里的朋友帮忙转告的信息：因为经济上面的原因，Cici经常跟男朋友吵架，本来都快到了谈婚论嫁的程度了，结果吵多了就自然而然地分了。Cici的心情本来就不好，结果到了公司又被总监各种找茬，一时之间没想开，走到了他们公司的楼顶想要轻生。

当然，Cici也只是一时没有想开，后来在大家的开导下，她就从天台下来了。然而当小染回来之后，发现同事们看自己的眼神发生了微妙的变化。"人家也只是一个刚刚毕业的姑娘而已，用得着把对方逼得这么惨吗？”“难道是因为小染嫉妒Cici的才华，所以故意想要打压她？”……

小染起初听到这样的流言蜚语时差点没气疯了，而她也不是那种藏着掖着的人，直接找到Cici解释清楚：“我说话做事之前可能没有考虑到你的玻璃心，那是我的错。但我不是那种会将个人感情掺杂到工作中的人，有时候你可能会觉得委屈，但是哪个人在社会上混没受过委屈？我也不可能因为你不高兴就让你的方案通过，人生要真的是哭一哭就能圆满了，谁还会拼命奋斗？我希望你能够拿出专业的态度面对这份工作，至于生活上的事，只要你跟我说，能帮的我一定会尽全力帮你……”

Cici消停了一阵之后，也终于从公司离职。虽然Cici给小染带来的影响没有全部消失，但她向来都是这样，尽职尽责，至于其他人的想法，她从不会过多关注，也许这也是她能做到总监位置的原因吧。用小染的话说就是，“我没有做错什么。如果在我没有做错的时候都要引咎辞职的话，岂不是助长了某些人的气焰？要是随随便便都能气走我的话，我也不会做到这个位子。”

在她身上，你永远都能看到一种坚韧的气质。

小染家在农村，家境不好，从小父母就给她灌输一种理念，“你只能靠自己，爸爸妈妈都帮不了你，如果你不努力的话，就注定回乡下来过一辈子了。”

于是小染从小就拔尖要强，一路考上名牌大学，毕业后留在当地，凭着优秀的履历进了现在的公司，并一路做到了总监的位置。

大学时候，小染谈过一个男朋友，想要带着小染一起回老家生活，因为老家物价不高，竞争不大，挺适合没有什么野心的人发展。但是小染不甘心，那种养老的城市实在不适合一个有着轻微焦虑症的女孩，她不敢停下来，仿佛身后有什么东西在追赶她一样，停下来，她就输了。

于是小染拒绝了男朋友的提议，在她还没有开口规劝男友留下来之前，一向老实敦厚的他竟然口不择言地辱骂小染，一直说她是一个拜金主义者，甚至在朋友那边造了不少谣。

一场恋爱让小染伤筋动骨，那时候她正在赶一个重要的策划案，结果因为跟男朋友吵架搞得身心俱疲，熬夜赶策划案时出了一个严重的纰漏，当时的总监也没有发现，直接呈放到客户面前，差点让公司遭到重大的损失，小染自然也被骂得狗血淋头，各种扣奖金扣薪水。

那时小染也想过，干脆辞职算了，回老家躲起来吧。她在这里没有自己的人脉，总监有事没事就会找她麻烦，找各种借口刁难她，似乎就是看她不顺眼，也不知道要熬到什么时候才能混出头。因为那个月没有发工资，房东的晚娘脸阴沉得能滴出墨汁来，说话的调子也是各种阴阳怪气。

但是她不敢回去。回去能做什么呢？像老一辈的人一样过面朝黄土背朝天的生活？还是随随便便找一份朝九晚五的工作混吃等死？小染再不想过那样的生活了。她一个人走在江边，吹着晚风，因为穿着单薄，时不时地打一个哆嗦，但是这种感觉也挺好，至少让她感到真实，让她觉得自己是真正地活着——接二连三的打击对一直骄傲的她来说，就像一场梦一样。

小染想过轻生，只是最后变成在江边痛哭一场，出来压马路的情侣会用奇怪的眼神看她，但当时的小染真的顾不了那么多了，她只想好好发泄一下。在小染以为自己会退缩的时候，她依旧坚持了下来。后来当上总监，在别人看来，她轻松了许多，但很少人想过，譬如Cici姑娘那件事，其实小染也是很无辜的，但是因为她在那个位置上，好多责任她不得不去承受。而这个时候，很少人会想到，她也只是一个未满三十岁的姑娘而已。

好在，她撑得住。这个世界上，有很多人，在你不知道的地方，撑住了繁重的责任。

这个世界上，真的没有什么事情是可以轻易实现的，我们只看到别人的光鲜亮丽，却看不到无数个夜里掉落的泪水。有时候你看那些成功人士言笑晏晏中的忆苦思甜，其实都是不为人知的辛酸，只是那时候以为过不去的坎儿，说出来的时候已经笑得更灿烂了。

当人们长大时，总不好意思在大众面前矫情，只好将所有的晦涩咽回心中，等无人的时候慢慢回味。在深夜痛哭，怀疑人生，这都是成功路上的必经之路。不要害怕，不要退缩，不要怨尤，精彩的人生需要经历这样的蜕变过程，也许你离优秀只差这样一场蜕变。

谁没在深夜痛哭，谁不曾怀疑人生？别以为只有你过得不容易，谁的生活容易过？现在你所经历的苦难，总有一天会照亮你未来的道路。

全力以赴拼过，纵使遗憾也不后悔

《永不妥协》这部电影我看过三次，很难有这样一幕电影能够让我一直保持热情与兴趣。

电影讲述了一位花瓶姑娘的故事，女主角艾琳曾以为可以靠美貌得到优渥的生活，于是早早从学校辍学，嫁给了一个富商，成为了全职太太。结果离婚两次，有了三个孩子，因为行为冲动举止粗鲁输了官司，一塌糊涂的生活让她彻底对男人失望，也算是明白了一个道理：求人不如求己。

没有文凭又行为粗鲁的艾琳四处碰了钉子，面对律师的怜悯，她大喊着："我不需要怜悯，我需要薪水。我努力找工作，但当了六年黄脸婆，要找份好工作难如登天。亲爱的，听到没？我会不会说得太快？"

好不容易"赖"上了帮她打官司的律师所的一份工作，却遭到了众人的排挤：艾琳衣着暴露，比实习生大了十来岁却毫无工作经验，难免被同事看不起，暗自猜测她到底是靠什么进来的，反正靠的不是实力。

但是不管别人怎么看待她，艾琳真的在乎这份工作，这是她重新开始自力更生的第一步。艾琳接的第一个案子是房地产纠纷，她到了辛克利调查后发现，当地的电力公司排放一种含铬的废水，对人体健康有害。一边是权力可以一手遮天的电力公司，整个美国的电力都要仰仗这个跨国公司，一边是无权无势的居民，有些甚至会为了利益出卖自己。

但艾琳还是坚定不移地站在了当地居民这边，因为他们跟她一样，都是弱者，他们在某种程度上是有共鸣的，而在这些贫穷的居民身上，她能够获得真正的尊重。所以，尽管她的对手权势很大，她也连连收到恐吓电话，最考验的人是在她经济窘迫的时候，收到巨额钱财的诱惑，然而重重阻碍她都闯了过来，她不仅安慰自己，还要开解同伴律师："我们会找到办法的。我承认我屁都不懂，但我懂得孰对孰错。"

甚至当合作的律师助理质疑她的专业性时，她用铁一样的事实证明了自己："别把我当白痴，我也许没念过法学院，但我研究了18个月案情，我对这些原告的了解，你一辈子望尘莫及。"

艾琳带着坚定的信念要为人们争取权利，克服了重重的困难，一次次调查走访，汇集资料，终于拿到了634份证言和签名，以无可争议的证据，打赢了官司，为辛克利的居民赢得了3亿3千万3百万的巨额赔偿。以弱胜强，正义终于得到了伸张。

艾琳是一个倔强的、浑身带着刺儿的姑娘，因为她害怕，害怕自己一不小心就被当成了花瓶，她再也不想过以前的那种毫无尊严的生活了。所以她很拼，她要用能力消除人们的偏见，证明自己。

艾琳从来不怕努力白费，她最怕的是，自己无法坚持下去。有时候，即便拼尽了全力，最终也可能输得一败涂地。

有时候，输不是最可怕的，可怕的是连输的可能性都没有了。中国有句老话叫做“尽人事，听天命”，但是在听天命之前，一定是先尽人事。梦想还是要有的，万一实现了呢？

见过太多人，在努力之前就学会了认输，在奋斗之前就学会了妥协。有时候这种生活态度能够让他们少受很多伤，然而也少了受伤后自我疗愈的经验，那份人生阅历才是最大的财富。如果因为害怕受伤，害怕失败而干脆选择放弃，少年时的一腔热血被早早地磋磨干净，那么青春还有什么意义呢？

看过一个故事，说是在画画课上，一个孩子想要画绿树，但没有绿色的颜料笔了，他只好跟同桌借，但同桌不愿意，于是他就用蓝色的颜料笔画了一棵蓝色的树，男孩画得很认真，哪怕这是一棵很奇怪的树，却也足够让人感动了。

是的，人生就是这样，可能你总是得不到想要的颜料笔，但你却可以用手中笔认真画出你的未来。有些差距不是你靠努力就能弥补的，但是如果你不努力，甚至连机会都没有了。

作家万方中说：“你可能很穷，可能长得很挫，可能能力也不行，但比这些更重要的是，你能认真做好每一件事，认真去爱每个人。你可能打动不了一个人，但你可以感动一个人。”

当人们垂垂老矣的时候，绝不会因为年少轻狂而后悔，反之会为一生的庸碌无为而悔恨。青春就是一场奋不顾身的旅途，其间可能会碰得头破血流，可能会累得筋疲力尽，可能最终依然一事无成。但这些都不要紧，它是属于你的故事，属于你的青春。如果青春都不能放手一搏，要等到何时？

别再去想如果你输了会付出怎样的代价，未来不可预测，没有拼到最后，你永远看不到结局。在没有开始之前就去预见将会付出的代价，这不是年轻人应该做的，你的青春就是用来拼的，全力以赴拼过一回，纵使遗憾也不后悔。

在人生的路上，有一条路每个人都非走不可，那就是年轻时候的弯路。不摔跟头，不碰壁，不碰个头破血流，怎能练出钢筋铁骨，又怎能长大呢？——张爱玲

拼尽全力前，别说你不行

双哥是我的大学同学，性格好，成绩好，甚至还是一个体育健将，在学校里很受欢迎。校运动会的时候，他报名参加五千米长跑，成绩仅次于其中一个体育生，落后了半圈，在他冲过终点线的时候，成功收获了一阵阵掌声和欢呼。

表面看起来，双哥没有体育生那种夸张的肌肉，也没有他们身上那种粗犷的气质。乍一看去，你只会觉得他是一个外表清秀的男生，我就很好奇，为什么他身上能够爆发出那么强悍的能量，也顺便在某次聊天的时候问了出来。

他笑了笑说："其实长跑最重要的是坚持，中间你需要跨过很多个极限阶段，感觉身体都要透支了，但是如果你不克服这种透支的感觉，那你就真的垮下来了。当你咬牙跑到终点时，你才会发现，原来你的极限不在这里，你还可以做得更好一点。永远不要在半路上就说你不行，这样你就真的不行了。”

后来双哥跟我讲了他的故事，我也终于知道他身上的这股拼劲是从哪里来的了。

双哥小时候的家境不错，父母溺爱，也造成了他无法无天的性子，整天最外面厮混，不学无术，抽烟喝酒打架顶撞老师都是家常便饭，典型的不良少年，他也不为自己的未来着急，反正最后有父母呢，还会差他一份好差事吗？

然而，命运的轨迹从来都不会按照人们想象的那样安排。在双哥高一那年，父亲的公司倒闭，跑到国外躲债去了，这时候双哥跟他妈妈才发现，原来他爸嗜赌成性，欠下了一屁股赌债，家里的财产早就输光了，留给他们的只剩下几张欠条。

双哥的妈妈自结婚之后就当了全职太太，从没体验过生活的艰辛，如今日子举步维艰，她也不知道该干点什么，尝试着去做一些小买卖，结果仅剩的一点积蓄都赔了。无奈之下只能外出打工，因为厨艺好去五星级饭店当厨师，结果因为贵妇脾气得罪了客人，被酒店撵了出来。原本保养适宜的贵妇如今因为钱四处奔波，脸上染上了浓重的沧桑，后来甚至因为忧思过度病倒了。

这一场变故也让双哥迅速成熟起来，曾经跟在双哥身边称兄道弟的狐朋狗友们纷纷没了踪影，以前用钱可以摆平的老师们也直接将自己的厌恶表现了出来。看着他们刚刚搬至的小出租屋，双哥收敛了一身坏毛病，咬着牙说：“妈，我不读了，反正我有一身力气，就算没有文凭也能找得到工作的。”

他妈的反应比丈夫抛妻弃子离开时还要激动，坚决要让双哥继续学业，至少，供他上学的钱，他们还是有的，要是连双哥都放弃了，他们难道真的要落魄一辈子吗？至少，他妈妈是不甘心的。

双哥不以为然，觉得自己就算是去上学也是浪费时间，就算他从现在开始好好学习，肯定也赶不上了，还要在别人各种各样的眼神中生活，简直比杀了他还难受。

但是一向宠溺他的妈妈却破天荒地给了他一巴掌：“这个世界上不会有什么会让你觉得比杀了你还难受的，只是你没有尝试过这种滋味。但是阿双，你已经没有后退的机会了。不要告诉自己‘你不行’，因为你只剩往前走这一条路了。”

所谓的拼命，是指不顾一切地活着。这是双哥从妈妈那里记住的第一个道理。

双哥没有退学，在人们迥异的目光，在飞短流长的蜚语中留了下来，他开始拼命读书，比任何人都要努力。

双哥天赋不差，基因好，只是之前没用在学习上。当他开始认真读书后，惊人的现象出现了，他从全班倒数第一，一路跃居到前十，之后更是稳居前三，这让很多同学包括发毒誓咒骂他一无是处的老师们大跌眼镜。

戒掉了各种痞气，双哥变成一个很绅士的男生，不仅学习成绩上来了，还因为情商高将人际关系玩得很溜。很快，老师和同学对他的印象发生了戏剧性的转变。那个让人讨厌的坏孩子不见了，变为一个人见人爱的好学生。

浪子回头、屌丝逆袭的故事谁都会喜欢，而双哥恰好就是其中的典范，之前他所有的莽撞与出格都变成了年少无知的一种经历，轻易地被人原谅，大家记住的都是他现在的好。

而现在的双哥，也已经成为了很多人心中形象完美的男神。很多时候，当你站在某个高度上，曾经你以为永远无法跨越的高山，也不过是一个小小的山丘。可是你不试着往上爬的时候，它对你来说，永远是一座可望不可即的高山。

还是要拼一次的吧，不然永远不知道你的极限在哪里，面对未知的前路，还是要往前走的吧，因为不知道终点在哪里。很多时候我们失败的原因，只是习惯性地告诉自己“你做不到的”，这样的心理可能是来自别人的压力，然后逐渐让你形成一个固定的思维模式，就像迪斯尼美剧《这不是我做的》一样，来自双胞胎的全能妹妹给哥哥施加了太大的压力，让他习惯性地怀疑自己：我肯定是做不到的，我肯定没有妹妹那么优秀。

而事实上，作为哥哥的他，有着属于自己独一无二的魅力，他也能做到很多双胞胎妹妹做不到的事情。之所以一直生活在妹妹的光环下，只是因为在他十几年的人生中，都在不停地告诉自己：你肯定是做不到的。

但相信我，你做得到，你需要做的，就是相信，这都不是你的极限，你还可以做得更好。没有人可以限定你的一生，除了你自己。

害怕会让你错失很多风景，畏首畏尾的确可以让你免去很多麻烦，但同时也会让你错失更多的机遇。要记住，这个时候，没有什么事情，是你努力了还不能成功的，每次失败之后不要对自己说努力没有什么用，而是问问自己，是不是付出了足够的努力。

别说你不行，因为在你心底，有着改变命运的力量。在你拼尽全力之前，永远别说你不行！

在醒着的时间里，做最喜欢的事

朋友小金检查出乳腺癌的时候，感觉天都塌了。在众人的开解之后开始配合治疗，几场化疗之后，她的一头秀发也掉光了，整个人消瘦了很多，虽然还是那么爱笑，却总感觉笑容背后的丝丝忧伤，原来精神奕奕的姑娘迅速苍老下来。就算她的病情好转，也难以将她的心情扭转成多云转晴了。

等她病情控制住之后，我又去看望了她一趟，却惊奇地发现，她脸上自信的笑容又回来了，我玩笑似地问她："喝了什么鸡汤呀？看你整个人都恢复过来了。"

小金也笑着应和着我的调侃——要知道，曾经很喜欢看段子的一个姑娘，现在已经很长时间没有看过笑话了，就算是别人故意说笑话逗她，她都像碰不到笑点一样，所以这一回，已经算是很大的进步了。

她说："我知道我要做什么了，以前我一直被太多的责任束缚着，从来都没有去追求过自己喜欢的事情，但这场大病让我明白了，人这辈子的时间是不由自个儿定的，我们一直说后面还会有时间，还会有时间，但也许下一秒你就不在世上了。如果人一生连自己最喜欢的事情都没有去追求过，这辈子不就浪费了吗？"

差点忘了交代小金的背景。小金出生在一个小康之家，父母都可以算是这个城市的中产阶级，从小接受良好的教养，虽然她的爸爸妈妈也像天下父母一样望女成凤，从小就让她参加各种各样的培训班，想让小金成为一手玩转奥数、一手琴棋书画的姑娘。但在某种程度上，也给了小金最大的自由，从来不会强迫她一定要做到什么，给了她自己选择的余地。

即便给了小金选择的余地，但也不能阻止她向着父母期待的方向发展。毕竟，在某种固定价值观的熏陶下，人们很容易被同化。同样的，小金生活在一个比较理智的家庭，从来都没有做过太出格的事情，甚至在青春叛逆期，都要比其他人来得更为成熟稳重。

小金并非没有梦想，只是在做事情之前，她一定会考虑周全："如果我做这件事会产生什么后果？""我做的事情能不能保证我生活得很好？"……

因为思前顾后，小金对很多事情都抱着观望的态度。她很喜欢旅行，经常买一些旅行杂志，看到驴友们各种晒图总是万分羡慕。在她高中毕业的时候，一群小伙伴约她骑行川藏线，算是毕业旅行了。但她想了想，虽然对骑行很感兴趣，但不知道能在路上坚持多久，也不知道一群学生在路上会不会遇到什么意外，如果遇到了意外，那又会生出多少波折？要是小意外还好，但如果发生了什么事情影响大学入学怎么办？

权衡了种种利弊之后，她还是拒绝了诱人的骑行计划，与妈妈一起去厦门旅游。旅行和旅游是有很大不同的，旅行就是去自己想去的地方，随心所欲地四处乱逛，有时候可能省去了那些著名的旅游景点，直接走街串巷去感受一个地方的风俗人情，其中往往会有意想不到的惊喜。但是旅游的目的就更直接了，那些带着A的景区是一定要去的，那些标着特色菜的饭店是一定要去的，然后发一些照片到朋友圈，达到了炫耀的目的，挥挥手，却只带走了一些照片。

而小金，喜欢的是旅行的无拘无束与自由自在。不过没关系，在大局面前，一切小节都是可以舍弃的。在小金看来，现在是为现实奔波的时候，而不是任性而为的时候。如果现在任性，将来很可能会受到拖累。等以后攒足了资本，想去哪都可以。当然，这一切都只是她的想法，到她生病了还没有真正实现过，有太多的因素阻止她真正去过自己想要的生活。

顺着父母的意思，她选了师范相关的学校和专业，因为他们说，又不是没有钱，女孩子就不要生活得太辛苦了，老师的工作清闲一点，不如以后当老师吧。而她毕业之后，也就在一所市重点高中当了语文老师，可谓是一路稳妥，顺风顺水。

但是这一场意外让小金的人生发生了截然不同的改变。好多时候她看似没有主见，顺着大众的想法一路走下来，但一旦她做出了决定，就会坚定不移地按照这个决定执行下去。

这一次小金不再犹豫，辞了职，踏上了环游世界之旅。也许是经历了这一场变故之后，她的父母也改变了，不再阻拦，而是全力支持小金的决定。

旅行的途中，小金的头发还没有长出来，她又不习惯戴帽子，一个光着脑袋的姑娘往往能够吸引不少目光。她以前是一个很注重形象的女孩，在那么多探究的眼神下，肯定恨不得立刻回家躲起来。但这一次，她却依旧享受着自由的时光，丝毫不在意别人的注视。有时间上网了，她会给我发一些路上的照片，她在青海的高山上咬着化不开的棒冰，她在拉萨的小屋里与当地居民吃着火锅，她在东京的滨离宫庭园漫步在樱花树下……

每一张照片上，她的笑容都足够灿烂，灿烂到让人往往忽视了她的头发，我笑她："我很佩服你，敢在妆后美女如云的日本不戴假发，简直就是独树一帜。"

"曾经就是太在意别人的看法了，别人不说，也会给自己很大的压力，仿佛只要不按照大家的路子走就是一种错误。但是确诊了乳腺癌之后，我真的以为撑不下去了，然后我开始总结我的人生，觉得自己真的活得太亏了，你为别人活，却没有人会为你活。有时候太在乎别人的眼神，对他人而言，那真的只是一个眼神而已，但是对你来说，可能就是一辈子。所以，好好活出自己就好。你的时间有限，能够追逐想要的生活的时间就更少了。"

命运无常，人生常常会发生种种让人措不及防的意外，我们不知道明天究竟会变成什么样。虽然每天都要抱着最好的希望生活，但事实就是，那些意外往往就发生在我们身边，癌症、天灾、意外失事……在短暂的人生里，如果将时间都浪费在汲汲营营的生活上，你还有多长时间去做自己最喜欢的事情呢？不要等到厄运降临在你头上才后悔！

你说可以等等，他说可以等等，但是时间从来都没有等过人。太多人都在没有机会了才想起，原来这辈子最想做的事情一件都没有做。不要总是正数着过日子，有时候时间是倒数的，有一天你会恍然发现，能够做自己喜欢的事情的时间真的不多了。

不要犹豫，去做你最喜欢的事吧，以后你会有一千次机会做那些千篇一律的工作，但是你喜欢的事情，或许只有一次机会了。

他们都说你不行？WHO CARES

这本书永远不会出版的！

有人这样告诉我。但是当你看到这个故事的时候，想来它已经出版了，或许还能取得一个不错的成绩。稿子写到今天，听到过太多类似的话语，甚至要产生免疫了，如果我没有坚持到这一步，也许停留在上一步的我，就是他们眼中的LOSER，而幸运的是，我走到了最后。

第一次正式发表文章是在中学的时候，尝试着投稿，没想到竟然真的收到了样刊和稿费，真的把我高兴坏了，之后将很多时间都花在了写稿上面。因为成绩下降了很多，班主任兼数学老师就告诉我："你以为你真的能够靠写稿子生活吗？虽然看起来很厉害，但它什么都不能带给你。"

我的热情被打击得不轻，但是从某种方面来说，我的脾气还真的挺倔的，一边默认了老师的教训，一边开始着手办文学社，跟一群志同道合的朋友玩得如火如荼，一起征集稿件，一起做电子杂志，在中秋节的时候办一个诗会，然后将自己印出来的杂志送给大家。深入剖析那段日子，其实就是一边承受着深深的压力，一边又想要过自己生活的状态。

后来也没有坚持下去，因为做杂志的大家都有各自的学习与生活，不可能真正将重心放在这上面，越来越糟糕的成绩也给我和我家人敲响了警钟，在爸爸跟我谈心之后，我决定放弃所谓的文学，等高考完再发展自己的兴趣。

在大学浑浑噩噩了一段时间之后，又重新对写稿子产生了兴趣。虽然不是中文专业的学生，但还是投了不少稿子，在很多退稿中一点点地进步起来。后来发表的稿子多了，编辑也会从中选一两篇不错的作为样文让大家参考。其他作者这样评价道："我看传说中的样文写得也不怎么样啊？反正我觉得写得还不如我，但是我的稿子竟然还被退了。"

最初看到这样的评论我会很生气，后来也就习惯性地选择沉默。我知道稿子并不完美，但也知道没必要让每个人都喜欢你的文章，无论你把它改得多好，还是会有人提出反对意见，因为每个人眼中的更好，是一个不同的概念，反而在重复修改的情况下，失去文章原来的味道。

在这条路上走得久了，你一定会学到一点：很多建议你要听，但不是每条建议你都要去接受，去改变。那样的话，只会让你的稿子变得面目全非。

这个世界很嘈杂，每天你都会听到各种各样的声音，如果有时候不知道怎么取舍，那就干脆闭上耳朵好了。走自己的路，让别人说去吧。当你真正做到这一点的时候，你会勇敢很多。

朋友阿振迷恋一个姑娘，费尽心思去追，但是那个姑娘看起来就不是那种良家的类型，于是朋友们纷纷劝他回头是岸，岸上还有无数芳草呢，就算是追了，也不会有什么好结果的，只能越陷越深罢了。

但是阿振也是一根筋的人，一旦做出决定，谁也拦不住。在他看来，虽然姑娘在别人眼中不是最好的，却是最适合他的。平时鲜花礼物从来没有断过，然而姑娘也是见过世面的人，没那么容易被打动，直接告诉阿振他们不会有好结果的，但是对于阿振送出的东西，她还是照样收下了，而且还是振振有词的那种："这本来就是送给我的东西，我为什么不收下？拒绝别人的好意是一种不礼貌的行为，只是下次不要给我买就好了。"可每一次，她还是照单全收。

朋友们常常唉声叹气，觉得阿振肯定是被灌了什么迷魂汤，只是阿振从来不把这些话放在心上，我们说了，他还照样是乐呵呵地去做。

后来阿振生了一场重病，急需用钱，朋友们纷纷慷慨解囊，就在众人以为那个姑娘会销声匿迹去骗其他男人的时候，她竟然拿出了二十万给阿振治病。在众人惊讶的眼神中，她理所当然地说："请不要误会，我借钱只是因为觉得这个世界上像你这么真心诚意的人已经很少了，希望你能够挺过来。"

所有人都不看好的姑娘，竟然能够雪中送炭，要知道当阿振开始四处借钱时，很多关系一般的朋友已经直接将他拉黑了。大家都惊掉了下巴，阿振得意洋洋地炫耀自己的眼光好。

“你说，你不爱种花，是因为害怕看见花瓣，一片片地凋落。是的，为了避免一切结束，你避免了所有的开始。”

这是顾城的诗，每次看到它时，心里总会闪过一种感动。如果因为非议太多而放弃写作，今天你或许就不会看到这篇文章；如果阿振因为别人的劝阻而放弃这段感情，谁都不知道他的姻缘会在何方。

有时候我们生活在一个社会里，在人情世故的淘洗之下，常常会被同化，变得太在乎其他人的看法，或许这些看法是对的，但那是别人的价值观，你没必要按照别人期待的样子而活。这个世界上，如果每个人说的做的都一样，又有什么意思呢？

吴舒欣在《拥有，其实是另一种失去》里说过，“不要因为害怕失去，而不敢去拥有；否则，你就失去人生。同样的，不要因为拥有什么，而担心它的失去；否则，你就失去了自我。”

年轻的时候，可能除了勇气之外就一无所有了，如果这个时候你都不敢拼，难道等到垂垂老矣再奋斗？

总有一天，你要学会走自己的路；总有一刻，你要学会自己选择。不要害怕变得与众不同，不要害怕与人群格格不入，只要是最真实的自己，只要那是自己喜欢的生活，勇敢去追吧，你不会后悔。

他们都说你不行，谁在乎呢？不行就不行，只要喜欢就好。

此刻你所经历的苦难，将会照亮未来的人生

在腾讯新闻上看到这样一个故事：一个曾经体重严重超标的姑娘如今成了身材姣好的空姐。让她这么做的动力，就是曾经在乘飞机的时候，人们曾恶意地让她买两张机票。

对一个胖子，尤其还是女孩子来说，说她胖就是最大的羞辱。这个世界上有很多关于肥胖的笑话，但是对于胖子来说，这些笑话一点都不好笑。所以可想而知，让一个胖姑娘“买两张机票”是一件多么拉仇恨的事情。

然而减肥从来不是一件容易的事情，有人体质就是这样，就算是喝水都能长胖，所以当人们听到胖姑娘蜕变的故事后，无不惊呼：“哇，这真是一个励志的故事！”

我开始对这条新闻产生了兴趣，很想知道这个姑娘为了减肥付出了

怎样的努力。如果你只看标题，就不会知道她因为节食饿晕了多少次；不会知道她因为运动过度拉伤过多少次韧带；不会知道她因为喝了劣质减肥茶，而上吐下泻了多少回；不会知道因为体重反弹，她在无人的夜里痛哭了多少回……

是的，就是这样一步步的日积月累，她才成就了今天的故事。

玲玲是我的朋友，有一次无聊，就跟我说："干脆我们来聊聊梦想吧。"现在的她，已经是某知名电台的台长，微博粉丝有好几十万。她很少谈起自己的黑历史，很少人知道，曾经她也是处处碰壁的一个姑娘。

在中学的时候，玲玲因为长得漂亮被选去主持学校的文艺晚会，她站在舞台上，灯光打下来，美艳动人。随着她话音刚落，就响起一阵阵热烈的掌声，她爱上了这种万众瞩目的感觉，爱上了主持。

玲玲上了高中之后，看到了主持人谢娜的追梦之路，更加坚定了自己的信心。你看，连非科班出身的谢娜都能够做到，她为什么做不到呢？但是她满满的信心，还是被这个凉薄的世界SAY NO了。

上大学之后，玲玲一心想要加入学校广播台，但是她是南方人，没有经过专业培训，在普通话标准的同学中劣势非常明显，在二轮面试的时候就被刷了出来。当她走出教室的时候，还能听到身后的学姐故意学她说话的口音。那一刻阳光照在身上，她却觉得格外的冷，她的骄傲在那一瞬间被彻底打碎了，之前的成功在此刻的失败面前都显得毫无价值。

还好，虽然播音员的面试没有成功，但有个学长看到了她的热情，告诉她还可以参加编导组的考核，以后有机会转到播音组，于是玲玲再次参加了广播台编导组的面试。一面二面通过之后，她终于加入了广播台。

然而，从广播台转到播音组并不容易，玲玲平时的工作就是帮播音员打打杂，写写稿子，其他的时候，只能用艳羡的眼神望向那些播音员。甚至节目播出了一年，同学们都不知道广播台有玲玲这样一个人。

就在玲玲以为梦想无法实现的时候，她在无意间发现了网络电台，瞬间萌发了要做网络电台的想法。那个时候，虽然玲玲的普通话水平依旧没有达到一甲的水平，但经过长时间的练习，也已经好了很多。于是她开始组建豆瓣小组，开设电台群，结交很多网上喜欢播音主持的网友，开始办起了网络电台。

但是做网络电台也不容易，光有“梦想”是不够的，尤其是你永远不知道网络对面的人抱着什么样的心态与你相交。刚开始一群小伙伴都非常热情，但是在电台逐渐变好的时候，很多问题就出来了，不是所有人都能够坚持做一些枯燥的工作，不是所有人都甘心玲玲坐在最高的位置上。矛盾起来之后，曾经她以为能够一起追梦的朋友纷纷抛弃了她，本来发展势头不错的电台因为人员流失出现了危机。

那个时候玲玲的状态真是糟糕透了，但她没时间伤心难过，第一时间将队伍组建回来。好在网络上永远不缺有热情的人，而这一次，玲玲已经吸取了经验教训，不再将所有希望放在虚无缥缈的梦想上，而是制定了一系列的规章制度。电台变得更好，有了一批忠实粉丝，在节假日的时候甚至会寄一些明信片之类的过来。再往后，已经开始有人投放广告了。

对于一个网络电台来说，能够做到这一步是多么的不容易。而这个时候，玲玲也快要毕业了，她已经没有精力来管这个越来越好的电台，于是将它托付给了自己信任的朋友。

她成为了一名真正的电台主播，两年的网络电台主播生涯给她积累了经验，也积攒了人气，在面试的时候，电台领导翻了翻她的简历，当场决定聘用她。

在活得最辛苦的时候，玲玲也想过放弃，选择一种更轻松的活法。但因为梦想，因为兴趣，她还是选择了这一条艰难的道路，在被泪水浸透的日子中熬了过来，最终收获了甜美的果实。

其实命运是很公平的，即便在最暗无天日的时刻，我们也不该放弃希望，因为乌云背后正孕育着即将冲破一切桎梏的阳光。畅销书作者小川叔这样写过，“生命中那段最难熬的时光，成了日后刻在美好时光钻石上的横切面，它们带着外人无法体会的疼痛，成了今天你看到的浮华的璀璨。”

所以，你要相信， 此刻你所经历的苦难，必将在未来照亮你的人生！

PART7

今天你经历的苦涩，
都会在未来带给你甜蜜的回报

不是你上辈子做了什么，而是因为你这辈子什么都没做。有时候就算是做错了，也要比无动于衷来得强，你错过一次，至少让别人知道你做过，至少别人知道你不会再犯同样的错误。

再过几年，我将成为期待中的自己

有个小女孩在微博上找到我，说她还在读高中，不过准备学艺术，现在的文化课学起来特别无聊，她觉得自己的天赋不在学习上面，如果能够让她专心学画画，肯定早就出名了。不知道为什么，别人都说高中三年过得特别快，但是她却觉得度日如年，很想快一点长大，这样就能早一点做自己喜欢的事情了。

小姑娘的想法很正常，尤其是当我们的目标跟眼下所做的事情不一致时，我们就会开始焦虑，觉得当下所有努力都一文不值，开始为徒耗生命感到深深的忧虑，自然会觉得时间过得很慢，就像是一种煎熬。

那些觉得时光匆匆，似乎永远都不够用的人，一定都是过得充实的人。比如高中三年，那是很多人一生中最拼的一段日子，总感觉时间不够，日子过得太快了，还没来得及怀念，一眨眼就毕业了。太多的事情没有做完，太多的梦想没能实现。

反观这个姑娘的焦虑与空虚，其实我挺为她着急和可惜的。于是我回消息给她："人生每个阶段都有需要做的事情，可能你对学习不感兴趣，觉得自己的天赋不在文化课程上面，但是不代表它们不重要，如果你喜欢画画，可以去考中央美院这类艺术类院校，然而同样需要学好文化课。如果你不是天才，最好还是脚踏实地，一步步来。"

能够找到自己的目标是一件好事，毕竟，有些人终其一生都不知道要做什么，浑浑噩噩虚度此生。然而，眼高手低却又是另外一回事儿了。

谁的青春不迷茫？当年我也像这个姑娘一样彷徨无措。我读大二的时候，专业课最多最难，任课老师的要求很高，如果翘课被他们发现会有挂科的危险，平时又要考各种各样的证，但是那时候我写稿子也在渐入佳境，每当杂志截稿期时，都要一连几天熬夜赶稿子，常常精神萎靡地去上课。

时间久了我就有些撑不下去了，这个时候，在杂志写稿的稿费已经够养活自己了，不少朋友也说，如果是我的话，都不用出去工作了，干脆当一个专职写手好了。我思考了一下，如果我专心写稿的话，作品更多，能够拿到的稿费也会更多，甚至比上班的收入还高。与其在学校里煎熬，过得死去活来，干脆退学全职写稿。

我有计划过，甚至一度想要付诸实施，于是我跟妈妈说了我的想法，她很冷静，没有给我泼冷水，因为知道我的性子倔，所以特地跑到学校给我请假，让我体验一下"全职写作"的生活。然而只过了两天，我就坚持不下去了，每次我想要出门溜一圈的时候，我妈就用眼睛斜睨着我说："你不是要全职写作吗？你不是说你放弃学业肯定能够将更多的时间花在码字上的吗？怎么转眼又想出去了。"

我觉得很尴尬，但是想想事实好像的确是这样，又继续关在房间里写稿子了，但是不知道为什么，心情怎么都平静不下来，我很想快一点写，可是种种情绪交织着，就算是写出了东西，可是再次看它的时候，还是会通通删掉再写的。后续问题逐渐暴露出来，我在学校会遇到一些人，一些事，经过加工之后可能就是一篇新的小说了，但是在家里闭门造车，我的想象力很快枯竭了，没有一定的生活阅历支撑，根本写不出东西。

还没到一个星期，我就选择了跟老妈妥协，表示想要回学校继续读书，我终于明白，当能力不足以支撑野心时，还是踏踏实实一步步走更为稳妥。

回到学校之后我努力平衡了学习跟写作之间的关系，毕业之后，我找了一份工作，而不是直接转为全职写作。虽然成为全职作家是我的梦想，但没有现实生活的历练，再优美的文笔也写不出动人的故事。

经历的越多，写出的故事越动人，读者可以轻松分辨出我不同时期的作品，因为在人生的不同阶段，世界观是不一样的，经历的人和事也是不同的。我很清楚如果为了快一点实现目标而汲汲营营恨不得快马加鞭，往往会错失很多美好的风景，也会错过一个时期对个人气质的淘洗。

谁都希望自己能够离成功更近一些，谁都希望找到人生捷径，如张爱玲的那句“出名要趁早”，影响了无数人的价值观，他们争先恐后，唯恐落后别人，可实际上，他们头也不抬地拼命赶路，却错过了沿途的风景与路人，要知道，有些风景，有些人，错过了就是一生。

在这个价值观趋同的年代，追求成功没什么不对，然而在实现你的野心之前，一定要想到，自己的底蕴够不够，能不能跟上那么快的节奏？张爱玲的确是年少成名，才女之名红遍大江南北，但是她出生于书香门第，教养良好，不管是文化底蕴还是知识储备，都要比很多人一辈子学到的多。

我回复之后，那个姑娘再也没有回信，我以为就像之前很多网友一样，彼此成为陌路人。没想到有一天去参加画展，一位工作人员迎面过来跟我打招呼，问我还记不记得她。我有点儿懵，实在想不起在哪儿见过。

她把之前我们的对话几乎背了一遍。我很惊讶，也没想到之前只在视频上见过，这么多年了她竟然还能在人群中认出我。

姑娘告诉我，她在这家画廊做兼职，因为她的一幅画之前在这里参展过，所以当画廊招人时她就过来了。她说在跟我聊过之后，反思了一下自己最近的状态，终于有所领悟，觉得自己很迷茫，很焦虑，整日无所事事。她说多亏了我及时点醒了她，要不成绩一定会一落千丈，所有目标都会成为白日梦。

那件事之后，她仔细想了想，如果自己真的有这个能力的话，就算是晚两年，也不会迟，如果自己没有这份能耐，就算是早两年入行，又能做些什么呢？她想要学画画，等她上了大学，自然可以将更多的精力放在这上面，但是如果她连高考这一关都过不去的话，那所有梦想真的就变成镜中花水中月了。

想明白之后，小姑娘踩着高三的尾巴冲刺了一把，文化课的成绩补得不错。也正如她说的那样，她在绘画方面还真的有那么几分天赋，双管齐下，她成功地被国内某著名艺术学院录取了。如今，她的作品有幸被画廊选中，并得到了在此兼职的机会。

我们都很容易被未来那个看似美好的果实诱惑，却忘了眼下最应该做的就是过好自己的生活，奋斗在每一天，而不是想着，要怎样参加颁奖典礼才能让自己看起来更漂亮。不要着急，该是你的果实，谁都拿不走，你需要做的，就是在时光的深处好好奋斗，再过几年，你我都会成为期待中的自己。

愿有人陪你颠沛流离，如果没有，愿你成为自己的太阳。——卢思浩

看得见的伤口，或早或晚都会痊愈

如果不看结局，这会是一个很美好的故事。

芋头与洋洋相遇在图书馆，他们同时想要借一本《百年孤独》，那是图书馆仅剩的一本了，两人同时伸手去拿，顿时发现端倪，相视一笑，原来有些东西真的只能用缘分来形容。于是芋头将书让给了洋洋，互相留了联系方式，说是书看完了就直接给他，免得回图书馆还要重新走一遍借书程序。

这的确是一场很浪漫的邂逅，跟所有故事一样，两人暗生情愫，联系逐渐多了起来，然后在芋头告白之后，他们自然而然地走到了一起。这是芋头的初恋，他将全部热情都投入了进去，凡事第一个想到的就是洋洋。

虽然已经二十多岁，芋头却一直是一个单纯的大男孩，没有什么心机。对于这样的芋头，尽管平时我们会开玩笑说“秀恩爱，分得快”，但事实上，更多的是对他们的祝福，谁都不希望他受到伤害。

但有时上天永远不会让人如愿，幸福如他们，还是开始了琐碎的争吵。洋洋的妈妈生了重病，她想要回老家照顾妈妈，问芋头愿不愿意跟她一起走。芋头的家就在这里，他不想走，又觉得如果洋洋的妈妈能够来大城市看病，肯定治疗效果更好。所以于情于理，他都觉得还是留下来更好，建议洋洋把她妈妈接过来。

只是洋洋死活不愿意，两个人冷战了很久，没等芋头想出说服她的办法，洋洋就走了，带走了所有值钱的东西，包括电脑、两个人的存款，那是芋头说一起买房、一起去旅行的钱，只留下了一张字条：芋头，对不起，我需要这些钱，以后有钱了，我一定会还你的。

芋头整个人都懵了，这时他才发现自己根本就不知道洋洋老家的具体地址，她换了手机号，就这样消失在茫茫人海中，再也寻不到踪影。

之前的感情就像一场梦，梦醒了，却额外地附赠给芋头如此巨大的打击。但是到底是念着以前的感情，芋头没有选择报警。

后来洋洋再也没有出现，无论是芋头还是我们这些朋友，都不好确定洋洋到底是一个骗子还是真的急需用钱才做了那样的事情。作为芋头的朋友，我们都见过洋洋，挺乖巧的一个女孩子，谁都没有想到她会做出这种事情来。

这一次，芋头伤得不轻，这是他迄今为止经历过最严重的困境。

那段时间，芋头长时间不去工作，被公司开除，他整天将自己关在房间里，醉生梦死，希望能够用一场又一场宿醉为自己疗伤。

朋友们都担心他会做什么傻事，想办法想把他带出来玩，但每一次芋头都果断地将我们拒之门外："我需要好好想一想，请你们不要打扰我。"

有经验的人说这就是疗伤期，一个人舔伤口是最好的，每个男人都不希望自己最狼狈的时候被人看见。

过了些日子，芋头总算出门了，依然无法掩饰眉眼间的颓废，之前的阳光男孩现在变得如此沉默。大家都意识到了他的变化，但是除了拍拍他的肩膀以示安慰，真的不知道该做些什么。

芋头过来是为了告诉我们两件事：第一，他被公司炒鱿鱼了；第二，他准备去旅行一段时间。

大家沉默了一会儿，之后纷纷表示支持，出去走走，散散心，回来就好了。

芋头出发了，他独自从广州顺着川藏线进了拉萨，去青海。旅行途中很少上网，我们都不清楚他的近况。两个月之后，他回来了，晒黑了一圈，我竟然未敢相认，很显然他也发现了我的脸盲，笑得露出了一口白牙："姐，我是芋头啊，竟然没认出我来！要不要请客！"

不知道该怎么形容我当时的惊讶，芋头的变化不仅是外貌上的，还有气质上的，不同于最初的阳光少年，更不是那个因为失恋灰心丧气的颓废青年，这个时候的芋头，给人感觉更像是一个成熟稳重、令人心安的男人。

我们给芋头接风，来了一个新朋友，他刚刚陷入热恋期，于是有人随口开玩笑道："小心一点啊，千万不要遇上骗子一样的女人。"说完之后大家都沉默了，小心翼翼地去看芋头的脸色，担心戳到他的伤心处。

只是芋头一脸淡定地喝着饮料，看到大家的眼神，顿时笑了："我没有那么脆弱，就算是觉得难过，那也是之前的事情了。人嘛，受了伤，伤口总会愈合的，我没那么脆弱，连再提起的勇气都没有了。"

别看芋头现在已经释怀了，但是我知道，有那么一段时间，他甚至对感情的纯粹性都产生了怀疑。我加过他的一个微博小号，看见长年如僵尸粉一般存在的他发了这样一条微博：大概以后想要真正喜欢一个人都是很困难的事情吧。失恋这件事，在当时的他看来，是一道永远无法愈合的伤痕，哪怕是很久之后，也会隐隐作痛。

一朝被蛇咬，十年怕井绳，这是人在受过伤害之后的应激性反应。正是因为付出太多，所以在背叛之后才会变得更加胆小，就算是有了一段新的感情，也会开始疑神疑鬼，担心对方别有目的。这样的感觉，伤人伤己，只能将自己永远地禁锢在一个小世界里。但是好在，芋头总算从前面一段感情中走了出来，他眼里的青涩褪去，取而代之的不再是忧郁，而是坚毅。

可能会有疤，但是芋头也终于明白，只要你愿意面对，没有什么伤痕是无法痊愈的。后来，他遇见一个温柔的女孩。现在，他们已经结婚了。

如果连再迈一步的勇气都没有，如果永远只想将伤口深深隐藏，伤口将永远是伤口，得不到愈合的机会。给它一次机会，也给自己一次机会，你会发现，内心的格局会大很多；你会发现，人生艰难，但真的没有什么迈不过去的坎儿。

或许在其他人看来，洋洋是骗子的可能性更大一点，但是芋头还是愿意相信，洋洋是真的被逼无奈，是真的因为母亲病重而离开，之所以此后再无音讯，或许是因为愧疚而不敢面对。而对于芋头来说，也已经不需要她回来了，因为她已经活在了那段最好的回忆里。

人生在世，受伤难免，有些小伤或许笑笑就可以过去，但是有些伤痛，你总会觉得这辈子都会有阵阵隐痛，甚至痛到让你对人生产生怀疑。

别怕，对内心强大的人来说，痛是不会长久的，它只是伤口正在愈合的一个过程。或早或晚，勇敢的人都将治愈心里的伤。

看得见的伤口，迟早有一天会痊愈的。——辛夷坞《致我们终将逝去的青春》

回首来时路，希望你会惊叹于走了这么远

当公司重新焕发生机的时候，办了一个庆功宴，瑶瑶作为首席功臣，自然是大受褒奖，大BOSS专门给她包了一个大红包。但是说实话，连她自己都有些惊讶，她竟然坚持了这么久。在公司岌岌可危的时候，她也想过要跳槽，犹豫是否要换一份工作。但是每次升起这种念头的时候，她总是想着，再坚持一阵儿吧，公司会好的，没想到一直坚持到现在。

在瑶瑶刚刚毕业那会儿，也是满大街地找工作，但是毕业生太多，她没有什么特别拔尖的优点，到了人才“济济”也“挤挤”的人才市场，更是只有被公司挑来拣去的份儿。

好在她也不是那种眼高手低、好高骛远的姑娘，知道想要跟别人竞争，生存下去才是最重要的。所以当一家小公司朝她伸出橄榄枝的时候，她接住了，尽管只是一份销售工作，跟她的艺术专业风马牛不相

及，但是她决定接受这份工作，因为她很清楚目前的就业形势，而且销售这份工作，虽说谁都能做，但真正做好了却有很大的上升空间。更重要的是，她很清楚所学的艺术专业，的确很难找到靠谱的工作。

瑶瑶的公司做的是科技类产品，这一行的确很能赚钱，但是赔钱的公司也不少。他们公司就属于第二种类型，一是因为产品落后，缺乏竞争力；二是因为销售部门不给力。瑶瑶入行之初做的是销售，但是她真的没天赋，后来转成了文案。

鉴于公司情况越来越糟，老板请来了一位总经理，这个新来的老总很有魄力，大刀阔斧进行改革，高薪从实验室挖来了好几个人才，专利申报方面也做得不错。但是之前因为公司实在不景气，导致资金链接不上，财务方面又被新来的老总一通整顿，财务总监也烦了，不愿再管这个烂摊子，索性辞职走人，并且放出话来，要是大家现在不走，恐怕连基本工资都拿不到了。

一时之间，整个公司风雨飘摇，人心惶惶，几个人觉得这样的小公司的确是不太靠谱，干脆一起跳槽走人。新来的老总也很无奈，公司没钱确实留不住人，如果下一批产品再不能回笼资金的话，资金链就要断裂，那么宣布破产是迟早的事。他很清楚，即便新设计的产品很有竞争力，但是没有好渠道，销售上跟不上去，迟早也要玩完。

至此，老总也不劝大家了，毕竟再干下去是否能拿到工资他也说不好，他也不想耽误大家。对此，他看得很开，人少了，费用就低了，留下的人涨工资，多干活，再拼一把。

瑶瑶也考虑过跟着大家一起走算了，但是怎么想都有一点儿不甘心，她刚把最新的企划案交上去，而且这是她第一份工作，没有闯出一些名堂来就放弃，跟她最初的计划不符，跟她的性格也不符。而且她没什么工作经验，即便辞职了，也不一定能马上找到工作。索性，她选择了继续坚持，也许过一段时间就会有不同的际遇呢？

有时候，所有的改变都是因为你比别人坚持得更久一点。哪怕只是一点点，只要你踩住了那个点，就会有很大的不同。

老总看了瑶瑶新交上去的企划案之后，又看了看她的履历，干脆将她的职位提了一级，让她跟在销售总监后面跑腿。这要是公司正常运转的时候，是根本不可能的，瑶瑶觉得像是天上掉馅饼，真的砸中了自己。刚刚升职的喜悦冲散了她未来的迷雾，瑶瑶干劲十足，像每一个得到赏识的人一样，充满激情地投入到工作之中。

但是瑶瑶的短板也很明显，虽然有创意，但是工作经验明显欠缺，设计方案做得新意有余但是基础不足，很容易在跟其他公司打交道的时候吃亏。也因为这个问题，瑶瑶的企划案常常被要求反复修改，有时候公司里的人都走光了，她还在那改文案。

公司员工纷纷辞职之后，并没有再招新人，而是一人干两个人的活儿，瑶瑶也是，不仅要做企划，还要当销售跑业务，因为是女孩，所以各种饭局都要跟着去应酬。她很能喝，面要对客户的频繁举杯面不改色一一应下，很多合作过的人都说，这姑娘绝对是条汉子。瑶瑶为公司签下很多单子，当然也为自己挣了不少奖金。

职位越来越高，待遇越来越好，但是肩上的责任越来越重，瑶瑶毕竟只是一个姑娘，压力大得头发一把把地掉，加班更是如家常便饭，工作和生活的极度不平衡，让她一度犹豫不定，怀疑自己的付出到底值不值得。

有几次，她都想放弃，要么是心有不甘，要么被老总极力挽留，总之，瑶瑶还是坚持到了现在，每当想要停下来的时候，她就开始扪心自问，半途而废难道是她的风格吗？为自己的放弃找到很多理由，才是最可耻的事情。“想要回家照顾父母”“太累了”，用一个单刀直入的说法讲出来就是：想逃！

瑶瑶离优秀还有一段距离，但是这个姑娘有股韧劲，所以在每次犹豫之后，她还是选择坚持下去。

很多人都在质问那些成功人士：“你们凭什么？”

他们也许在很多方面都不如你，但他们却能比你坚持得更久一点。正是这一点点，注定了他们的成功。

瑶瑶的公司蒸蒸日上，成为了全省的明星企业，其中，瑶瑶与她的团队功不可没。庆功宴上，老总拉着她上台演讲，当所有人都在鼓掌时，她心里闪过的第一个念头是不敢置信，她都不相信自己走出了这么远的距离。

跟我讲完这个故事，瑶瑶又匆匆地去处理工作了。她已经成为了这家公司的副总，平时负责的工作当然也就更多了。

如果你想放弃，有太多太多的理由等着你，它们都将成为最完美的借口，但如果你想沿着这条路走下去，只有坚持，才会让你到达成功的彼岸。

当你登上山巅之后，会见到只有少数登顶者才能看到的风景。终有一天，你回头时才恍然发现，原来你已经走出了那么远，原来那时候想要放弃的想法，现在看来是多么幼稚。

坚持，再坚持的久一点，总有一天，你会惊叹于曾经走过的路。

你信，你就活力无穷；不信，你就萎靡不振

川子小姐是一个很随性的人，但就是太随性了，习惯将所有事情都交给命运，从不认为努力了一定能得到更好的结局。所有的好都是命中注定，所有的过错都是命不由人。朋友们经常调侃，她这是要看破红尘，遁入空门了。但是跟那些修行的人身上的淡然气质比起来，川子小姐身上的气质，恐怕更多的是萎靡。

在川子小姐上大学时，抱着的就是“六十分万岁，多一分浪费”的心态，她经常翘课窝在宿舍里看韩剧，考试时临时抱佛脚，有时候没能将老师划的重点吃透，她也就只能接受挂科的命运了。于是我们就劝她收收心看一会儿书吧，她则振振有词地回答：“我考试前还不是背了一星期的重点，结果还是挂了，所以这根本不是看不看书的问题，而是老师想不想挂我的问题，这就是命，不是我看书就能改变的。”

跟川子小姐在一个宿舍的还有一个叫小婉的胖姑娘，自称因为高中

时的暴饮暴食导致身材走形，到了大学的第一件事就是想要将体重减下来。小婉姑娘买了一个体重计，每天都给自己规定了运动量和食量，当体重逐渐减下来的时候，每次都欢呼雀跃，恨不得昭告天下。但是小婉也有控制不住自己的时候，可能出去吃一顿火锅，好不容易才消耗掉的卡路里又回来了，面对小婉沮丧的表情，川子小姐直接说："长成什么样子是早就定好了的，就算是你拼命减肥，也无非是折磨自己罢了，有什么意思吗？"

胖姑娘大多比较敏感，尤其是在长相方面，在小婉姑娘看来，川子小姐就是在故意讽刺她，两个人吵了一架之后，小婉更加坚定了要减肥的决心。

当然，在川子小姐看来，这也只是她表达善意的一种形式而已，完全没有看不起小婉姑娘的意思，毕竟她的人生观就是这样的，与其靠奋斗去改变，不如等待上帝垂青比较实在。对于小宛姑娘的愤怒，她觉得无法理解，也觉得自己很委屈。

只是当小婉姑娘终于通过一年的时间从125斤减成95斤的苗条身材时，川子小姐不说话了，虽然在她心里，这更像是一种巧合。如果不是巧合，一个人怎么可能在这么短的时间内变成这么好的魔鬼身材？她是不相信奋斗的力量的。

大三这年，川子小姐终于决定要考研，这也是很多人的选择，考研党们纷纷霸占了自习室和图书馆，但我依旧看见川子小姐在网上闲逛，问她考研复习进展怎么样了，她慢悠悠地回了一句："还不急，现在大家都不在宿舍，看视频也不卡，我要赶紧抓住时机。"

面对川子小姐的宽心，我都不知道该说些什么了，是应该夸她心态好呢，还是应该怪她太颓靡呢？

结果不难想象，川子小姐没能成功逆袭，考砸之后，干脆等着毕业开始找工作了。但是没有一份足够优秀的履历，在那么多的应届生中，实在很难杀出重围。成绩普普通通，能力平平，没有优势的川子小姐，又该何去何从呢？投了几百份简历之后，只有两三家公司请川子小姐过去面试，但无一例外，全部挂掉。

川子小姐跟那些优秀的毕业生比起来，已经拉出了很大的距离。但是她从来不承认，因为她更愿意相信这是命运。“他们有什么好的，不就是能够拼爹吗？如果不是从一出生就已经注定了，我会比他们差吗？”

我想这是肯定的，那么多无爹可拼的人，都知道该怎么拼自己，而川子小姐明知道自己的情况不容乐观，却不肯付出努力，最后的失败，其实更像是咎由自取。

面对失败，川子小姐永远都有理由开脱：运气还不够，缘分还没到，欣赏我的人还没来……

没有找到工作的川子小姐决定回老家了，这个时候的她，跟之前的萎靡不振相比，又多了一丝绝望的颓废，大概她觉得，这就是她人生的终点了，一定是老天的安排，才让她本应该精彩缤纷的人生变得无比凄凉惨淡。果然，出于对朋友的照顾，她回去之前我还是去送了送她，这个时候她不再是随遇而安无所谓的态度了，而是红着眼睛说："我不知道上辈子做了什么，才会让老天这样对我。"

我想告诉她，不是你上辈子做了什么，而是因为你这辈子什么都没做。有时候就算是做错了，也要比无动于衷来得强，你错过一次，至少让别人知道你做过，至少别人知道你不会再犯同样的错误，但是那一张干干净净的简历，真的很难让人相信她能够胜任什么工作。只是到最后，我还是没有把话说出口，我不想在这个时候再讲什么大道理了。如果自己没有清醒的意识，别人再怎么说也是白搭。

我觉得川子小姐的遭遇很可悲，却一点都不值得同情。我应该同情她什么呢？同情她的命运？那是毫无必要的，是她自己将命运丢了出去，之后的怨天尤人，就显得可笑了。没有尝试过改变自己的人生，所有的抱怨都显得苍白。

所谓的信仰，从来不是指将自己的生活交给虚无缥缈的上苍，从来不是对命运的妥协，等待答案一步步展露在面前的人，永远得不到想要的答案。

看到作者斑马写过的一段文字："给你一个王子，你是否已经穿好了水晶鞋？这个世界上从来就没有无缘无故的缘分，命运是把锁，钥匙在自己手里，别把自己唯一的人生当做买彩票。"

命运是把锁，钥匙则在自己手里，转动钥匙，才能打开命运之门。

愿你学会，笑着低头

说起我爸，脑海里自然而然地浮现出一个老好人的形象，整天笑呵呵的，从小就教育我，要与人为善，吃亏是福。但是我的性格更像妈妈，得理不饶人，一定要把事情清算明白，也从来不觉得这么做有什么问题，每次当爸爸让我收敛一下的时候，我总会振振有词地说："爸，就是因为有太多你这样的老好人，所以才会让那些喜欢占别人小便宜的人越来越嚣张。捍卫自己的权利永远没有错，不然的话你就等着自己的领土一点点被蚕食吧。"

在我看来，一旦示弱，就很容易被人趁虚而入，占了便宜，之后还可能变本加厉。带刺的价值观陪我度过了整个学生生涯，有时它会给我带来一些好处，有时它则会给我带来不少麻烦，所以很难说到底是好还是坏。

直到开始实习时，发生了这样一件事儿。Vivi跟我一样是实习生，不过她比我早到公司两个月，很多方面都要比我娴熟。公司的老师特地吩咐我多向Vivi学习，当然也让Vivi多关照我。

Vivi虽然只比我早入职两个月，但是高冷范儿十足，当然她平时也会给我不少帮助，从来不会把经验藏着掖着，在这一点上，我真的挺感谢她的。然而Vivi有一个习惯，就是喜欢指使人，把琐事全都推到我身上，刚开始我权且当做帮忙，但是后来我俨然成为了她的助理。

大家都是新人，我没必要给你打杂。我是一个直性子，之后便直接拒绝了她的类似要求。Vivi的脸色有些难看，她说之前是为了帮我熟悉业务，即便不想干了，也不能撒手不管，至少将收尾工作处理妥当。

这种明显不对等的借口，傻子都不会相信。我没有再搭理Vivi，回了自己的小格子间，用行动证明了我的立场。当时Vivi的脸色的确很难看，但我也不愿意给她这个面子，因为经过前段时间的接触，我就明白了，如果我继续给她免费当苦力的话，非但不讨好，她还会变本加厉，而我的性格从来就不是任人拿捏的软柿子。

然而没多久，公司中就传出了一些不好的流言，比如说我这个人不怎么好相处，我不懂尊重前辈，别人帮了我的忙，我却忘恩负义。不用想都知道传出这些话的人是谁，除了Vivi我再没有得罪过其他人。只是流言这种东西就是这样，你越要去理会它，它只会闹腾得更加厉害。但如果不去理会，我又觉得委屈得要命。

最后带我实习的老师听说了这些流言，找我们谈话之后，事情逐渐平息下去。其实心里还是觉得膈应得慌，跟爸爸通电话的时候说起这件事，我就跟他大倒苦水。他叹了一口气，说：“本来你的出发点没有错，但是你一定要用这么强硬的态度让她丢脸的话，她当然不会记得你的好。在你委婉拒绝她的请求时，你完全可以在最后退让一步，她会记住你的绅士风度，也会知道你不是一个任她驱使的人。有时候与人交往就是这样，大家抬头不见低头见，没有必要闹得太僵。”

这大概就是爸爸的处世哲学了。平时他很少跟人红脸，跟谁都能打成一片，看似处在一个弱者的位置上，但是仔细想想，却能够发现，他从来都没有吃亏，而且因为心态好，看起来比谁过得都开心。

有时候跟讨厌的人顶上了，非要较真的话，讲理讲得赢，打架也打得赢，但是赢了一件小事，却损失了时间和心情，划不来，不如低低头，让一步。更重要的是，低了头，也要让心里的那道坎过去，过去了，心境开阔了，不会将更多的精力牵扯在这上面，心情自然也越来越好。

阮阮是我的一个好友，性格就像她的名字一样非常软萌，从来都不会跟人计较事情。有时候我都看不下去了，恨不得直接捋袖子去给她维权，然后恨铁不成钢地敲敲她的脑袋，里面装的都是浆糊吗？向来看不得朋友吃亏的我，恨不得用我的那番理论给她洗洗脑。

有一次乘车高峰期在火车站排队进站，排到中途，我跟阮阮在聊天，可能是看我们都是小姑娘比较好欺负吧，一位拖着两箱行李的大妈横冲直撞过来，直接插队站在了我前面。

本姑娘马上就不高兴了，拍拍她的肩膀说：“不好意思，能不能去排一下队？大家都是排队过来的，没道理就给你特权啊。”

她扭过头去不理我，甚至还冲着我翻了一个大大的白眼。

我当时就想要直接把她拉出去，还好阮阮及时制止了我：“算了，不要管她，你越管她，她只会越来事儿，没必要给自己惹这样的麻烦。”我被她拦下来，也终于注意到周围有不少好事者放下了自己的手机。

后来阮阮跟我讲，有时候吃这么一点小亏不要紧，要紧的是不要让自己也被拉低到那个程度。就像那个插队的中年妇女，谁都会觉得她素质不高，但是如果我一定要跟她争出一个长短来，形象瞬间就被拉低了。

阮阮对此感触颇深，在她读大学的时候，就在阿里巴巴找了一份云客服的工作，常常有无理取闹的顾客缠着她问问题，甚至因为她在喝水没有及时回复就直接给她打了差评，要知道，好评度的高低直接影响她的薪水。

但是一直以来，她都没有跟人吵过架，因为她知道，这是作为一个客服最基本的素养，有时候客户的确很烦人，但是你要跟他吵，真的能吵赢吗？不如好好退让，等着他将自己的情绪发泄出来，也许回报你的，就是一个好评。阮阮听过很多骂声，但是从不会往心里去，在她看来，所有计较之人都是庸人自扰。

有时候我们强调“不要低头，皇冠要掉，不要哭，坏人会笑”，跟今天所主张的道理并没有矛盾之处，人生的确需要这种不服输的干劲儿，但是遇事要迎刃而上，做人却要学会低头。只是低个头而已，不必一直斤斤计较，怀恨在心，不要将这样的小事放在心上，它本来也不值得你将它放在心上。

若是不触及原则的事情，就算是低个头，又能损失什么呢？你的时间非常值钱，它还可以用来做更多事情，千万不要浪费在跟这些小事拧巴上面，退一步海阔天空，古人诚不欺我。

是阮阮教会我笑着低头，也让我在今后的人生中受益匪浅。有些时候，退让是为了更好的前行。

希望有一天，治愈你的不是鸡汤

朋友凯凯最喜欢看的就是鸡汤文，因为他觉得，生活已经足够辛酸了，如果不靠看一些励志故事恢复一下正能量，不知道什么时候会被压垮。跟他一起出去吃饭，如果遇上餐厅的菜不好时，他就会翻开随身携带的鸡汤图书，表示要喝一口鸡汤来暖一暖他那颗被这个残忍世界伤害得体无完肤的心。每次遇到这样的情况，我们一群朋友都挺无语的，恨不得立刻跟他拉开一段距离。

在刚认识凯凯的时候，还是觉得他是一个很乐观向上的男人，在别人心情不好的时候总是能够说出一些很有道理的话来安慰人家，于是给他介绍了一个女朋友，结果没多久人家就跟他分了。我就奇怪了，问那个姑娘，说凯凯不是挺靠谱的吗?

姑娘就跟我说了他的情况："他也只是在给别人灌鸡汤的时候特别精神，事实上本人却是一颗玻璃心。很多明明笑笑就能过去的事情，弄得像命运辜负了他一样。我去他家的时候，发现整个书柜都是一些正能量的书，他说是因为这个社会太残酷了，所以要多看一些这样的文章。”

起初我以为是那个姑娘太夸张了，但是真正见识到了凯凯的玻璃心之后，连我都有点儿受不了他了。

凯凯在一个福利待遇都不错的单位上班，但是后来公司业绩下滑，不得不整体裁员，凯凯也没能幸免。

不过他们公司的失业补贴很高，而且之前招进来的人都有点本事，所以不愁下家，唯独凯凯愁坏了，整天愁眉苦脸，就像临近世界末日一般。我知道他的情况，985高校博士生毕业，专业是计算机，长相属于中上水平，就算是拉到相亲市场也会有不少人买账，除了有一个喜欢看鸡汤文的怪癖之外，也算是一个不错的小伙子了，怎么就给人感觉天都要塌下来了呢？

虽然不了解凯凯的焦虑到底从何而来，我还是安慰他：“凭你的条件，去哪里都很好找工作啊，用不着这么难过的。”

凯凯一脸“你不能理解我”的表情看着我：“现在的竞争压力这么大，好工作多难找啊！要是什么事情都能像你说的这么简单就好了，别看我现在各方面的条件都不错，但是已经有一家公司不要我了，难保后面的公司也会这么做，以后会有更多的应届生过来，我的竞争对手还有更多……天呐，那种场面根本不敢想象。这才是人生，不行，我需要被励志一下。”

“真是吓死宝宝了。”我差点被惊呆了。原来杞人忧天的真实版本，还真的会发生在我身边。乍一听起来，凯凯的担心不是没有道理，但是再仔细一分析，其实明显可以看出，他只是在自寻烦恼而已。现代社会的竞争的确是越来越大，包括应届生一届届地毕业，开始填充各个岗位，他会被裁员，肯定是有不足的地方，但他首先想到的不是如何提升竞争力，而是开始埋怨社会的生存条件，想要靠鸡汤来解脱自己，这不是很可笑吗?

每个人都想要掌控自己的命运，但不知不觉间，我们就把命运支配权交给了所谓的现实，其实没有那么多身不由己，只是我们不够勇敢，不够主动。很多道理我们都懂，说起来振振有词，同时还能教育迷途的青年们，但是当事情发生在自己身上时，就变得手足无措，原来安慰别人时候的信心不知道都去了哪里。

凯凯只是一个比较极端的例子，但事实上，跟他情况类似的人大有人在。我有很多朋友，空闲的时候都喜欢看看励志电影来放松一下心情，有时候被感动了之后，马上给自己立下一个目标：一定要在什么时候做成什么事情。甚至把这个目标挂在空间朋友圈上，欢迎大家去监督。

这样元气满满的样子，让人毫不怀疑他肯定是能够成功的。毕竟连他自己都说了，从现在开始，风雨无阻，虽九死其犹未悔。虽然夸张了一点，但是能够付出这么大的恒心与毅力，一定会有所建树的。

然而成功从来没有那么简单，当初信心满满觉得一定能够坚持下去的事情，最后大都不了了之了。可能刚刚看完一个励志故事时，一个人身上的力量是满格的，但是当他遇上了麻烦，还没有开始挑战，就望而生畏了，不知道什么时候，力量就已经漏了一半。就算是侥幸取得了胜利，却再也没有勇气去挑战接下来的困难了。然后一开始设定的目标，越来越遥遥无期，过了一阵子就忘了，或者说，就算没有忘记，也会假装忘掉。

当然，这个时候人们还是有很多理由来安慰自己的：不是我不行，而是对手太强大，还是等我哪天有能力了再来挑战吧。但是谁都知道，那一天可能永远也等不到了。

有时候可能是一时兴起把目标设定得太高了，有时候却仅仅是因为没有力气去拼了而已。没有力气的原因也很简单，因为从一开始，你的力量就是来自鸡汤，而不是来自自己的内心，在最初的感动与影响过去之后，你就开始恢复本性，变成了原来的自己，这样一来，再也没有力量支撑着你前行了。

你看过很多励志电影和故事，甚至能够跟影评人一样如数家珍，还能够回忆起当时最让你感动，想要落泪的画面，但是不管是电影还是故事，都是有时效性的，如果不能引起你内心深处的共鸣，无论它拍得有多么好，无论它写得有多么精彩，给你带来的种种情绪，也最终会消散得无影无踪。

很多鸡汤的句子，你说起来都会无比轻松，但是真正执行起来时，才会知道有多么不容易，但是如果你没有真正去做过，又怎么可能会有说服力呢？

就像凯凯一样，说实话，我觉得他看过的鸡汤文已经足够多了，但是他如果不改变自己的价值观，就算鸡汤能够温暖一时，却也救不了一世。

其实每个人的心底，就有治愈自己的力量。希望你看这篇鸡汤，不仅仅是被它感动，更应该是一种共鸣。

希望终有一天，当你受伤之后，治愈你的不再是鸡汤，而是本心。